健康用光

张静　张磊
马戈　许楠
编著

100问

中国建筑工业出版社

图书在版编目（CIP）数据

健康用光 100 问 / 张静等编著 . —北京：中国建筑
工业出版社，2023.10
ISBN 978-7-112-29030-7

Ⅰ.①健… Ⅱ.①张… Ⅲ.①室内照明—照明设计—
问题解答 Ⅳ.①TU113.6-44

中国国家版本馆 CIP 数据核字（2023）第 150071 号

本书以漫画的形式描述了老中青三代人在生活中遇到与光有关的100个生活场景，以问答的形式带入每一个主题，同时引入一位"光博士"的专业形象，进行图文并茂、通俗易懂的解答。本书帮助读者了解如何正确利用阳光，如何营造健康的光环境，如何因人、因时、因需布置灯具，从而获取健康用光的知识。

责任编辑：曹丹丹　张　磊
责任校对：刘梦然
校对整理：张辰双

健康用光100问

张静　张磊　马戈　许楠　编著

*

中国建筑工业出版社出版、发行（北京海淀三里河路9号）
各地新华书店、建筑书店经销
华之逸品书装设计制版
天津裕同印刷有限公司印刷

*

开本：787毫米×960毫米　1/16　印张：14¼　字数：253千字
2024年6月第一版　　2024年6月第一次印刷
定价：**79.00**元
ISBN 978-7-112-29030-7
（41768）

本书编委会

主　　任：张　静　张　磊　马　戈　许　楠
副 主 任：薛　鹏　孙鲁芳　杨春龙
指导顾问：孟建国　王政涛　张　华　李　沙　张华祥
　　　　　李振国

编　　委：王新巧　卢　冶　孙　燕　肖　彦　张国强
　　　　　陈亚伟　胡国力　丁　平　丁　璐　王　茂
　　　　　王博源　邓海南　卢思伯　叶常春　田东芹
　　　　　任　江　刘冰洋　刘艳玲　刘　菲　齐　铁
　　　　　安　波　李姗姗　李浩东　宋军令　张少光
　　　　　张　晶　张瑞强　赵永利　胡兴梅　胡　波
　　　　　南方丽　高　东　烟建强　曾　晨

主编单位： 北京照明学会

中设筑邦（北京）建筑设计研究院有限公司

北京筑邦建筑装饰工程有限公司

参编单位： 北京玳蔻健康科技中心

纳维光科（北京）技术有限公司

北京深海力量展示设计有限公司

恩科筑光（北京）照明科技有限公司

北京至本建筑科技有限公司

江门市想天照明科技有限公司

巴力（北京）科技有限公司

惠州雷士光电科技有限公司

佛山市银河兰晶科技股份有限公司

广东三雄极光照明股份有限公司

欧普照明股份有限公司

深圳市康视佳网络科技发展有限公司

北京盛泰远大照明设计有限公司

北京名成智能科技有限公司

北京创世明达科技有限公司

序

  光孕育生命，守护健康。所谓健康，是指一个人在身体、精神和社会等方面都处于良好的状态。合理用光，能给万物生机，给人类生理和心理安慰和治愈；但不合理用光，能导致近视、抑郁等生理和心理疾病。因此，光是美好的，但也是"双刃剑"，这就要看人们如何利用它。

  本书采用问答方式，图文并茂、通俗易懂地解说了健康用光的100个问题。它不仅适合于从事照明的专业人士以及大众阅读，更适合于初为父母的人士阅读。书中给出的家居、学校用光方案，浅显、科学、全面，能让我们掌握健康用光的精髓。尤其是对儿童、老人的健康用光问题，给出了解决办法。

  北京照明学会特别注重科普活动，在照明领域，积极推广科学技术应用，倡导科学方法，传播科学思想，弘扬科学精神。本书由张静主持编写，并广泛听取了照明行业内外的专家意见，字斟句酌，精益求精。通读此书，让我爱不释手，相信它也会得到大家的喜爱，成为热爱生活者的良师益友！

北京照明学会　理事长

清华大学建筑设计研究院有限公司　电气总工

目录

第七章　办公空间用光　/ 165

第八章　灯具应用技巧　/ 183

第一章

正确利用
阳光

冬季为什么要多晒太阳？

在户外晒太阳的人

 周末我们去爬山吧？

不去，我没心情。

 我看你这段时间很少出家门。

天气变冷后，我就不爱出门。最近总是疲惫犯困，胡吃海塞。

 你这种状况很像是"季节性情绪失调"呀。

情绪失调？怎么办呢？

 很有可能是缺乏太阳光照的原因，不如去问问我的朋友光博士吧！

 　　我喜欢研究光对人体健康的影响，大家都称呼我为"光博士"。我可以分享一些健康用光的科普知识。

　　在秋冬季节，一些不经常户外活动的人们会出现"季节性情绪失调"的症状：这些人在春夏季节时，能够保持良好的心态，但到了秋冬季节，会出现明显的疲惫、心情沮丧、回避社交、贪吃嗜睡的情况。1984年，心理学家罗森塔尔提出，光照缺乏是导致此症状的主要因素。大家可能会疑惑"房间里不是有灯光吗？"没错，但灯光的强度与太阳光相比是多么微不足道呀！在晴朗天空下的阳光，照度通常在10万勒克斯（lx）以上，而灯光的照度只有阳光的几百分之一。

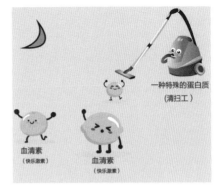

光照不足时血清素会减少

　　为什么光照缺乏会影响人的情绪呢？研究表明，人的大脑中有一种血清素——5-羟色胺，我们可称其为"快乐激素"；还有一种特殊蛋白质，在大脑中松果体的指挥下，担任清洁"快乐激素"的工作。当人体接受足够强度的光照时，"清扫工"会停止工作；在光线强度不足时，"清扫工"就会勤快地把"快乐激素"打扫得干干净净。

　　为什么女性更适宜多晒太阳？那是因为女性大脑合成"快乐激素"的速率仅是男性的一半。为什么老年人更要重视晒太阳？那是因为"快乐激素"的数量会随着年龄的增加而减少。

　　"季节性情绪失调"与人所在的地理位置还有很大关系。在靠近北极圈的一些欧洲国家，由于受到极夜现象的影响，当地居民极易产生心理疾病。在幅员辽阔的中国，太阳光并不是均衡分布的。可根据年平均照度分布情况依次递减的原则，将中国划分为五类不同的"光气候区"。其中，四川盆地属于第五类光气候区。我建议生活在这里的人们，在秋冬季节更要重视晒太阳。

户外阳光照度分布示意图

怎样晒太阳才是正确的？

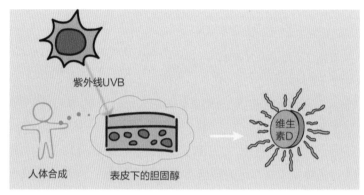

阳光有助于人体合成维生素D

 孩子，晒太阳时不用捂得那么严实，你可以尝试摘掉帽子。

摘掉帽子晒太阳有什么用呢？

 我听说晒太阳有助于儿童长高。

没错，但前提是人体皮肤要接触到紫外线的直接照射。

人体的皮下组织中储存着一种胆固醇，经过紫外线一定强度的照射后，可以合成微量营养素——维生素D，它对于人体的骨骼发育来说是必不可少的。想要达到人体自身合成维生素D，应重视两个前提——阳光直射皮肤以及达到相应时长。

夏季时人们普遍穿着短袖短裤，日光接触充足；秋冬季节时，人们习惯在户外活动时佩戴帽子、口罩，导致日光接触不充足。在晒太阳时，我建议大家尽可能地保持头部及躯干的皮肤被阳光直射。在秋冬季节，人们适宜在正午前后晒太阳，每次不宜少于半小时；而在春夏季节，则需要避开正午阳光强烈的时段晒太阳，每次不宜超过一小时。

　　儿童佝偻病发生的主要原因是维生素D的缺乏，成人从天然食物中很难获取到足量的维生素D。与服用人工合成的制剂相比较，通过晒太阳的方式让人体自身合成维生素D更有利于健康。当人们不便于户外活动时，通常选择在室内隔着玻璃窗晒太阳。殊不知玻璃会降低紫外线的通过率，影响阳光直射效果，不利于人体皮肤合成维生素D。

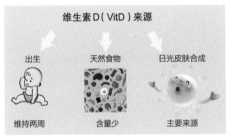

人体获取维生素D的途径

玻璃会阻挡紫外线

　　维生素D被称为"阳光维生素"，是儿童时期促进钙吸收、辅助骨骼形成及维持骨骼健康的重要营养素。目前已知的维生素D至少有10种，对人体健康最重要的是维生素D_2和维生素D_3。

光与人体生物钟有什么关系？

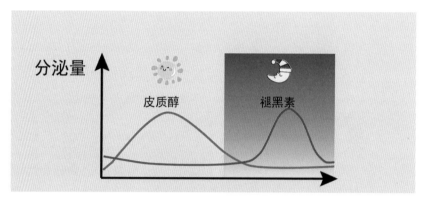

褪黑素与皮质醇的交替关系

 为什么天空从早到晚的颜色都不一样？

不仅如此，我发现户外光线也在随时变化。

 这是因为太阳与地球的位置在不停变化。

其实光线变化对人体的影响很大。

 阳光是地球生命赖以生存的重要条件之一，阳光中波长为380~780纳米（nm）的电磁波，是能够被人眼观察到的"可见光"。天空从早到晚的颜色变化，与可见光的成分比例有极大关系。如清晨的蓝色光、正午的白色光、夕阳映射下的红色光，都是影响人体生物钟的光信号。

地球上的生物在进化过程中，大多数形成了内源节律性的生理变化，被称为"生物钟"现象。哺乳动物的行为、体温及内分泌活动都存在周期接近24小时的节律，这种同步现象被称为"昼夜节律"。

　　光线不仅影响人的视觉系统，还会以非视觉的方式影响人类行为。人体的内分泌情况会进一步影响其昼夜节律。研究发现，人体促进兴奋的"皮质醇"与帮助睡眠的"褪黑素"的分泌量都会受到光线的影响，二者是此消彼长的关系。

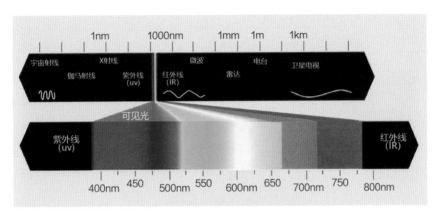

阳光中可见光谱的分布

户外活动能预防近视？

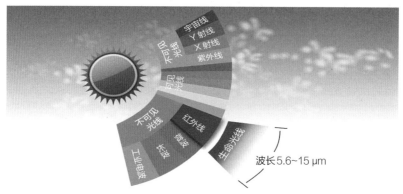

波长5.6~15 μm

红外线被称为"生命光线"

 我刚收到学校发的放假通知，强调学生每天的户外活动时间不少于1小时，说是可以预防近视。

户外活动不仅可以放松眼球睫状肌，还可以让孩子充分接触到阳光。据说阳光中的近红外线可以预防近视！

 真的吗？近红外线还可以预防近视？

红外线属于不可见光，它被人们称作"生命光线"。人们感受到的阳光中的热量，就是红外线。根据波长的分布，红外线可分为近红外线（NIR）、中红外线（MIR）和远红外线（FIR）。

鼓励青少年每天保持户外活动，不仅可以通过远眺来调节眼球的睫状肌，还可以充分接受阳光的照射。研究表明，经常进行近红外线的照射，能有效修复视网膜线粒体的受损与延缓老化，对于近视的发生有良好的阻滞作用。

户外的明亮光线能帮助正在发育的眼睛保持晶状体与视网膜之间的正确距离，而昏暗的室内光线很难带来同样的效果。如遇连续阴天，可使用含有近红外线的灯光进行补充照射。

研究人员就接触阳光的时间长短与近视程度、发展速度之间的关系进行了专项统计。结果显示，晒太阳时间越长，儿童成长期间的慢性近视率会越低。想要控制近视的发展速度，可让孩子每天接触1小时以上的阳光。

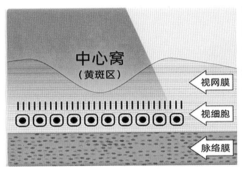

近红外线会影响眼底

含有670 nm近红外线光谱的台灯

为什么不能在阳光下看书？

在户外看书的小朋友

 爸爸，我的眼睛有点难受。

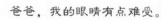 那是因为你在阳光下看书的原因。

 为什么呢？这里光线很好！

因为光线太强，人的眼睛会受不了。

 难怪我看了一会书就想流眼泪。

 　　阳光下不适合读书看报。在阳光下看书，很容易使眼睛产生疲劳感，这是因为文字与纸张的亮度对比太强。长时间在户外阅读，会导致晶状体接受更多的紫外线，睫状肌处于紧绷状态，眼睛易产生刺痛感。即便是在树荫下也不适合长时间阅读。

　　人的眼睛结构与照相机特别相似。眼睛的瞳孔类似照相机的光圈，可以控制光线进入眼睛的数量。如果光照过强，瞳孔就会持续缩小，还容易引起眼球肌

健康用光100问

肉痉挛、疲劳、眼球胀痛，甚至让人头昏目眩。有的人在阳光下阅读后，会感觉眼前有一团亮光或黑点，久消不散，这就是视网膜黄斑区受到强光照射的应激反应，若出现这种情况应立即停止用眼，闭目片刻后可缓解。

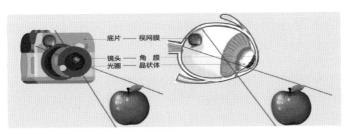

人眼结构与照相机相似

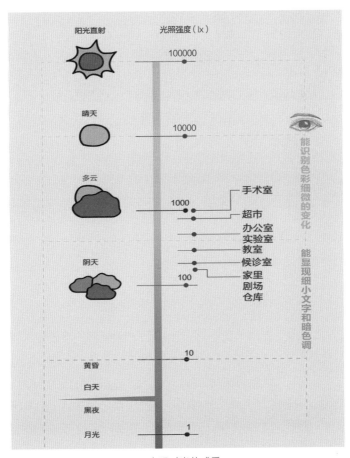

人眼对光的感受

阳光有杀菌作用吗？

在阳光下晾晒生活用品

 妈妈，为什么您喜欢在户外晒被子？

我在利用阳光消灭被子上的螨虫和细菌。

 阳光还有这么神奇的作用？

是的，阳光中的紫外线用处可大啦！

　　人们发现阳光中含有不同波段的辐射光线后，以波长为单位，将它们划分为射线、紫外线、可见光、红外线和电波。其中，紫外线又分为长波、中波、短波三种类型，杀菌能力最显著的是短波紫外线（UVC）。

　　紫外线之所以被称为"天然的杀菌剂"，是因为波长 264 nm 的紫外线，能破坏细菌中的蛋白质和病毒的核酸，使之分解、变性，失去正常的功能。紫外线能有效影响酶的活性，使蛋白质和核酸不能正常地代谢合成，从而造成细菌和病毒的死亡或变异。紫外线照射越充分，对病原微生物致死性越强。除了丝绸制品

紫外线波长分类表

名称	英文缩写	（真空中）波长范围
长波紫外线	UVA	315~400 nm
中波紫外线	UVB	280~315 nm
短波紫外线	UVC	200~280 nm

外，常见的被褥、贴身衣物等生活用品，可利用阳光直射，达到杀菌的效果。

　　虽然紫外线可以杀菌，但不适合直接作用于人体皮肤。阳光中诱发皮肤癌的光谱波长为240~320 nm，主要为中波紫外线（UVB），其致癌的机理主要与紫外线对人体DNA分子的损伤修复能力密切相关。如果损伤修复能力不足，就会使受损伤的DNA在修复过程中发生突变，而诱发皮肤疾病。

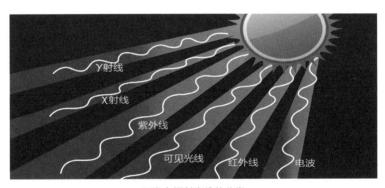

阳光中辐射光线的分类

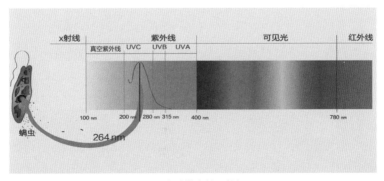

UVC消杀螨虫效果较好

阳光和白内障有什么关系？

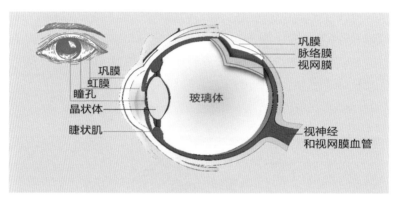

眼睛结构示意图

 我的眼睛白内障加重，医生建议做手术。

您为什么会患白内障呢？

 听说白内障跟紫外线的照射过量有关。

我年轻时在高原地区工作，经常在户外活动，那时候的人们
缺乏对紫外线的防护意识，几个老同事也和我一样有白内障。

 阳光中的紫外线照射入眼睛后，其含量的 70％~80％ 通常被晶状体
吸收。如果晶状体受到的紫外线照射量累积到一定程度，容易引发多种
眼部疾病。

统计数据表明，白内障的患病率与地理环境有关。老年性白内障的发病
率与海拔的增高成正比。研究表明，白内障在高原地区的发病率为人口总数的
23％~30％，明显高于平原地区。

高空中的臭氧层、灰尘、水蒸气，起到对阳光中短波紫外线（UVC）的过滤作用，到达地球多为长波紫外线（UVA）和中波紫外线（UVB）。如臭氧层变薄，则会有更多的UVC到达地球。UVC对眼睛的伤害风险更大。在2017年，世界卫生组织已经将紫外线加入一类致癌物清单中，并预测随着臭氧浓度的降低，在全球范围内有可能出现更多的白内障病例。

眼癌　　　　白内障　　　　翼状胬肉

过多的紫外线照射使眼睛面临风险

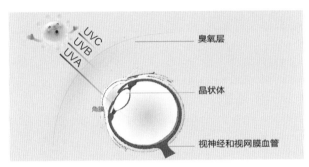

UVC
UVB
UVA

臭氧层

晶状体

角膜

视神经和视网膜血管

紫外线影响晶状体透明度

为避免紫外线对眼睛的过度伤害，佩戴合适的太阳镜（墨镜）是比较有效的防护方法。镜片可按光投射比分为5类。其中0类和1类为浅色太阳镜，2类和3类为遮阳镜，4类为特殊用途太阳镜。行路及驾驶用可选择0~3类镜片，户外冰雪活动用可选择4类镜片。

小知识

白内障是由于晶状体混浊，光线无法透过混浊的晶状体落在视网膜上，从而引起的视力下降。白内障的早期症状并不明显，表现为眼前有固定性暗影，出现轻度视力下降及视物模糊；继续发展则视力严重下降，视物模糊加重。

太阳镜片的分类说明及
指定图形符号

冰雪运动时为什么要戴护目镜？

戴护目镜的滑雪者

 这周我打算带孩子们去体验滑雪。

去滑雪场千万别忘记戴护目镜！

 这个还真是没准备，我们不打算去危险的雪道。

戴护目镜不仅仅是出于安全考虑，主要是为了预防"雪盲症"。

在雪后的晴天，户外环境对阳光的反射率会增强，就像在人的周围布满镜子一样，此时阳光中的紫外线会比平时更多地射入到眼睛。如果不做好眼睛防护，很容易导致角膜及结膜上皮的光损伤，俗称"雪盲症"。雪盲症的症状表现为眼睛有刺痛感，严重的会引发结膜红肿，视力模糊。

雪盲症患者通常在休息一段时间（3~5天）后，视力会自愈性恢复。但如果在户外活动时仍然不注意眼部防护，会再次得雪盲症，而且症状会更严重。所以在滑雪时，宜佩戴具有防紫外线功能的护目镜。我建议大家不只是进行冰雪运动时才佩戴有预防紫外线功能的护目镜，还应注意外出游玩时，尽量不长时间直视湖面、冰面等反射阳光较强的物体表面。

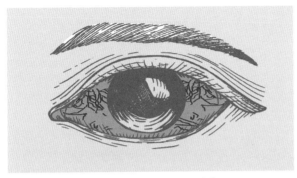

角膜及结膜上皮光损伤后症状

佩戴木质护目镜的爱斯基摩人

很久以前，生活在北极的爱斯基摩人就已经知道如何预防雪盲症啦！他们在一些小木片上开两道窄缝，将它遮挡在眼睛上当护目镜使用。

为什么要给皮肤做防晒？

在海边活动的人

 爸爸，咱们还去海滩上晒太阳吧！

 我背部的皮肤被晒伤了，又红又痒。

 为什么会这样？

 因为我昨天忘记涂防晒霜了。

 您不是说晒太阳有益处吗？

皮肤系统是人体重要的器官，具有保护功能，如果一次性接受过量的紫外线照射后，容易出现红斑、脱屑等损伤。当户外活动时间在上午10点至下午2点之间时，宜做好穿防晒服、打防晒伞或涂抹防晒霜等措施。出门前10分钟涂抹防晒霜，并达到每平方厘米2毫克的涂抹量时，防晒效果最好。

皮肤晒黑是由于皮肤受到中波紫外线直接照射后，黑色素细胞沉着在皮肤的表面而产生的肉眼可见的反应。适量沐浴太阳光，可提高对紫外线的抵抗力。

研究表明，阳光直射有助于激活人体中的免疫细胞（T淋巴细胞），从而使免疫系统保持警惕，随时应对新的侵入。但中波紫外线（UVB）是诱导皮肤癌发生的主要波段。长波紫外线（UVA）是导致皮肤光老化的主要波段，其发生机制十分复杂。人体暴露在高强度的紫外线一段时间后，容易诱发不同程度的光损伤，包括光老化、皮肤癌、光敏反应等。

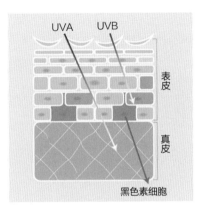

皮肤中的黑色素细胞

第二章

正确利用
人造光

电焊的火花为什么不能看？

正在进行电焊作业的人

爸爸，快来看呀，有人在路边放"烟花"，真好看！

好孩子，咱们快走吧，那是工人在使用电焊机时产生的焊花，不能看！

为什么呀？

直接看焊花会"晃"到眼睛，还会引发电光性眼炎，你看工人们都戴着面罩呢。

不能用眼睛观看电焊工作过程，因为电焊产生的五颜六色的光叫做——电弧光，其中含有大量人眼不可见的紫外线及红外线。当过量的紫外线照射入眼睛，极易引发"电光性眼炎"。

通常情况下，电光性眼炎患者的视力是可以通过治疗逐渐恢复的，但长时间裸眼注视电弧光，有可能会造成更为严重的眼底损伤。这种损伤是不可逆转的，人的视力很难恢复如初。现有资料记载，有电焊工人在工作时未佩戴防护面罩，导致双眼视网膜感光细胞层断裂的医疗案例。

如果你在街边或工地偶遇电焊施工，请避免直视焊花，快步离开这个区域吧！

小知识

什么是电光性眼炎？

人的眼睛在接受电弧光照射时，导致眼睛的角膜表面蛋白产生变性症状。电光性眼炎的早期症状为眼胀及灼热感，视力模糊，可进一步发展为剧痛、畏光、流泪、角膜透明度下降、角膜上皮剥脱等症状。

激光笔对眼睛有什么危害？

不能随便玩激光笔

 有人在玩会发出光的笔，我也想要一支。

那是激光笔，不能随便拿来玩。

 不嘛，我也想拿着玩一玩。

要是不小心照到眼睛里，后果将不堪设想！

 为什么呢？

因为激光照进眼睛后，会导致"激光损伤性黄斑病变"，不仅会损伤视力，而且很难逆转。激光是一种人造光，属于受激辐射而产生增强的光，被称为"最亮的光"。激光不慎入眼的后果不仅包括视力急剧下降，还易造成眼底黄斑损伤性病变，甚至形成视网膜外层断裂或缺失，严重的还会导致视力丧失。

在视网膜后端部有一个直径2毫米（mm）的区域，医学上叫做黄斑，其成像的位置叫"黄斑中心凹"。激光照射眼睛后，最容易产生激光损伤性黄斑病变，这种损伤是不可逆的，主要症状为视物模糊或视看黑点。

从现存的医疗病例记录中不难看出，导致激光不慎入眼的行为，包括儿童随意玩耍激光笔、美容激光误入眼睛、操作激光打印机不当等。人们不仅要预防激光的直射入眼，也要避免其通过镜面等光滑物体表面的反射入眼。

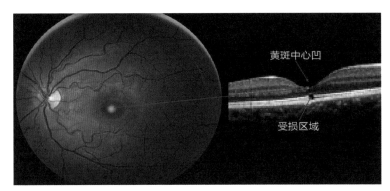

激光损伤性黄斑病变

阴雨天为什么人体需要补光？

光照不足会影响节律

 快起床吧！今天下雨，我们要早点出发。

妈妈，能不能让我再睡会儿？我感觉很疲惫。

 我今天也提不起精神。

我有办法，在灯光下照射一会就好了！

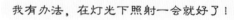

在正常情况下，动物生理与行为的昼夜节律与外界环境条件相适应。光照条件是一个显著的环境因素，当环境光照减弱，人体昼夜节律将会相对延迟，人们也会感觉精神状态异于往常。

在阴雨天时，窗外的天然光亮度不足，大脑中的松果体不能及时减少褪黑素的分泌。同时，神经系统也受到相关影响。当光线明媚时，交感神经兴奋，活动意向更积极；当光线昏暗时，交感神经会自发调节到低落状态，心跳变慢，血压降低，呼吸减少，因此人就会容易犯困。

想要改变阴雨天持续犯困、注意力不集中的情况，可利用灯光给人体进行补光，就像植物需要光合作用一样。利用灯光来补充光照的方法，需要使用色温在5000开（K）左右的光源，且达到500 lx以上照度标准，照射头部及身体半小时以上。

实验表明，光源的色光及亮度越接近于蔚蓝的天空光，提神效果越好。因为这样可有效抑制大脑中的松果体分泌褪黑素。

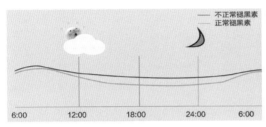

光照不足时褪黑素分泌过量

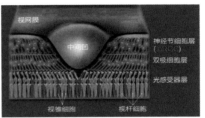

视网膜中的内在光敏性视网膜神经节细胞

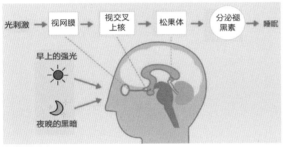

光对大脑的影响通路

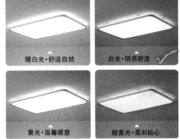

清晨适宜用5000 K色温的白光照射头部

小知识

哺乳动物都有一个由视网膜、视交叉上核和松果体组成的昼夜节律轴，通过它们之间的相互作用，产生和调控机体的生理及行为节律。

研究发现，视网膜上除了视杆、视锥细胞外，还存在一类感光细胞——内在光敏性视网膜神经节细胞（ipRGC），它能够将信息投射到大脑中的视交叉上核（SCN）。视觉系统由视觉成像和非视觉成像通路组成，视觉成像通路起始于视杆和视锥细胞感受光照强度的变化，非视觉成像通路起始于ipRGC。

如何利用光的颜色调节情绪？

暖色光下的空间感觉温暖

 咱们家客厅的灯光颜色太暖了。

那样显得温馨呀！你有什么新想法吗？

 我感觉暖色光在夏天时令人感觉燥热。

没想到光的颜色还会影响人的情绪。

我们可以利用灯光的颜色和冷暖，来实现清爽或温暖的空间感受。当不同颜色的可见光作用于人体的视觉器官时，人体会产生某种带有情感的心理活动。大多数人在色彩心理方面，存在着共同的感情。例如色彩的冷暖感、轻重感、软硬感等。

研究发现，白光给人以清爽的心理暗示，减少房间中的燥热感；暖光给人以温馨的心理暗示，增加房间中的温暖感。大家可以根据实际情况搭配使用。

现今，人造LED光源中的白色光是由红、绿、蓝三种色光谱混合而成的，混合的比例影响人眼对光的颜色感受。为了便于区分，人们用"色温"来表达光的冷暖，单位为"开（K）"。光的色温数值越高，人眼的视觉感受越冷；光的色温数值越低，人眼的视觉感受越暖。

色光与心理感受表

光色	心理感受/联想
红	热情、主动、积极
橙	爽朗、兴奋、阳光
黄	快活、开朗、智慧
绿	和平、健康、新鲜
蓝	冷静、广泛、和谐

不同色温下人的视觉感受

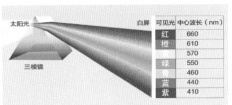

三棱镜折射出不同波长的可见光

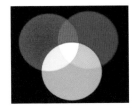

白光是由单色光混合而成的

小知识

　　1672年，英国著名的物理学家牛顿首次使用三棱镜，将太阳光分解成七种彩色的光带，这就是著名的"色散实验"。当一束白色光穿过三棱镜后，会分散成大概七种不同色彩的光。如果让其中一种色彩的光再穿过三棱镜，它不能再发生色散时，这种色光叫做"单色光"。

　　人们发现将红、绿、蓝光中的二者进行叠加会形成黄、品红、青（靛）、橙等复色光。

什么样的光环境令人心情舒适？

使用烛光照亮餐桌

 孩子们快来吃饭吧，哎呀，怎么停电了。

妈妈，屋子里太黑了，我害怕！

 不如我们来体验烛光晚餐吧，刚好有蜡烛。

这就是烛光晚餐吗？好温馨呀！

 我也喜欢这种用餐方式。

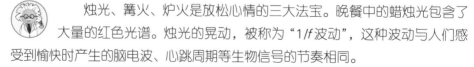

　　烛光、篝火、炉火是放松心情的三大法宝。晚餐中的蜡烛光包含了大量的红色光谱。烛光的晃动，被称为"1/f波动"，这种波动与人们感受到愉快时产生的脑电波、心跳周期等生物信号的节奏相同。

　　想要布置令人舒适的光环境，就要巧妙地搭配色温与照度。根据"科鲁伊索夫曲线"研究结论得出，当房间中的光环境处于以下两种情况时，人们的感受会更加舒适。

（1）低色温搭配低照度。光源的色温越低，色彩心理感觉越暖，如此时光环境照度过高的话，会使人感觉燥热。

（2）高色温搭配高照度。光源的色温越高，色彩心理感觉越冷，如此时光环境照度不足的话，会使人感觉阴森。

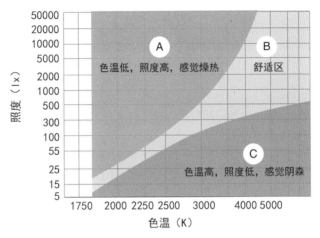

科鲁伊索夫曲线——色温与照度的搭配

荷兰物理学家通过收集心理物理学数据，构建了科鲁伊索夫（Kruithof）曲线，其中B区域被评估为令人愉悦或自然的光环境，A、C区域被评估为不舒服、不自然的曲线。

例如，当办公室桌面照度约为400 lx时，令人舒适的色温为3000~5000 K；当住宅空间环境照度约为100 lx时，令人舒适的色温为2300~2700 K。

准确辨色需要什么样的光？

妹妹吃到发霉的豆芽

 这豆芽太苦了，我不吃！

这盘菜大家别吃！豆芽上面有黑色的霉变。

 我择菜的时候怎么没看出来？

我炒菜的时候，也没看出来呀！

 厨房的灯自从装上就没清理过，有些昏暗。

光环境照度会影响人眼辨别颜色的准确性。

人们适合在光线充足、明亮的环境下备餐和烹饪。因为人眼在照度充足的情况下，才能发挥准确辨认色彩的功能。人的视网膜中约有1亿个视杆细胞和600万个视锥细胞。在光线昏暗时，只有一种叫做"视紫质"的视杆细胞发挥作用，所以不能达到很好的色彩辨别效果；在光线明亮时，视锥细胞发挥作用，视锥细胞含有大量的"感红、感蓝、感绿"三类感光细胞，能起到良

健康用光100问

好的分辨作用。

视杆与视锥细胞的区别表

分类	视杆细胞	视锥细胞
分布位置	视网膜周边	视网膜黄斑、中心凹区域
功能	暗环境下视力	明环境下视力、精细视力色觉辨识

　　厨房除了要保持足够的照度外，还应重视灯具的显色指数，其数值会影响人眼对色彩辨别的准确性。

　　在住宅中安装灯具时，应考虑光源的显色指数。厨房中宜采用显色指数R_a大于80的光源，色温在4000~5000 K区间，且备餐区及灶台的照度宜大于300 lx。厨房的灯具宜每隔半年至少进行一次表面清洁，避免烹饪油烟附着影响发光效果。

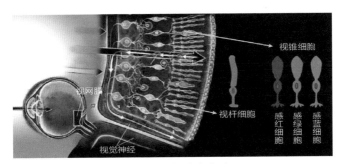

人眼中的视锥、视杆细胞

$R_a \geqslant 70$　　　　　　$R_a \geqslant 80$　　　　　　$R_a \geqslant 90$

不同显色指数光源下的物体

小知识

　　显色指数是光源显色性的度量，以被测光源下物体颜色和标准光源下物体颜色的相符合程度来表示，符号是R_a，数值是0~100。显色指数越高，说明光源还原色彩的能力越佳。

什么样的光有助于提高视觉敏锐度？

在适合的光照下测量视力

 今天真的是虚惊一场。我还以为儿子近视了呢。

发生了什么事呀？

 我看不清家里的视力检测表。

你说的是贴在门后的那张吗？

 是的，我也很奇怪为什么在家里看不清的图形，到医院复查时又看得清了。

为什么检测结果差别这么大呢？

　　因为家里的检测光环境不足，导致孩子的视觉敏锐度下降。视觉敏锐度是人眼分辨物体细节的能力。视力检测表不是随意贴在哪里都可以用的，当视力检测场所的光线不足时，会影响人的视觉敏锐度。在眼睛适应的状况下，加强目标与背景之间的亮度对比度，可有效提高人的视觉敏锐度。远视力检测表中，面积较小的黑色部分为目标，面积较大的白色部分为背景。在我国，普遍采用在5米（m）远的距离处观看远视力表上"E"图案的方式，来评价受测者的中心视力。

在安装远视力检测表时，光环境可通过以下两种方法布置：一是直接照明法，视力表的照度值宜在200~700 lx范围；二是灯箱后照法，利用灯箱或屏幕显示。视力表白底应达到80~320坎德拉每平方米（cd/m²）的亮度水平，检测室的照度应均匀、恒定、无反光、不眩目。

视力表的对比度影响人眼视敏度

  视力是指视网膜分辨影像的能力。视力的好坏由视网膜分辨影像的能力来判定。视力分中心视力和周边视力。中心视力反映视网膜黄斑部位中心凹部功能，是人眼识别外界物体形态、大小的能力，周边视力也叫周边视野。通常所说的视力是指远视力并且是中心视力、静视力，它反映的是视网膜最敏感的部位——黄斑区的功能，远视力检查通常用视力表来进行。

室内灯光与近视有什么关系？

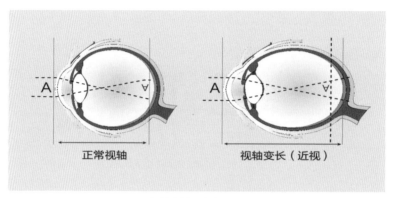

正常视轴　　　　　　　视轴变长（近视）

视轴变长后产生近视

 爸爸，您的眼睛是什么时候近视的？

我上中学时喜欢阅读，有时候还在昏暗的灯光下阅读，渐渐
地就形成了近视。

 那我以后看书的时候，把灯光调亮一些。

光线过亮也会造成视觉疲劳，诱发近视。

 真的吗？我去请教光博士。

 　　科研人员在近视发病机理的研究中发现，近视的形成与光照环境有
关。在光线不足或过亮的情况下持续用眼，容易引发视觉疲劳。在视觉
疲劳时继续用眼，睫状肌将持续处于紧张状态，进一步导致眼轴增长，形成轴性
近视。近视不仅会导致视看模糊不清，高度近视还有可能遗传并诱发视网膜脱落
等并发症。

在我国，近视已成为一个普遍性问题，其居高不下的比率和低龄化状况，严重影响着人们的健康。光是人眼视网膜成像质量的先决条件，不良的光照会产生不正确的视觉信号，进一步引起眼球和视觉系统的异常发育，导致近视的发生和发展。

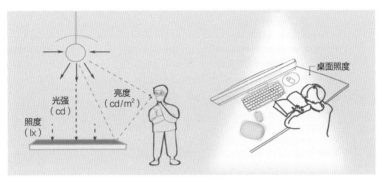

以桌面照度来判断光环境是否适宜

相关统计数据表明，夜间工作学习时间较长的人群，近视发展速度较快。生活中应尽量避免以下不利于视力的光环境：

（1）照度不足或过亮。

（2）光环境明暗不均匀。

（3）灯具眩光严重。

（4）光源有明显的频闪。

（5）光源显色性不足。

小知识

　　照度是指物体单位面积上所得到的光通量，单位是lx。它是衡量空间光环境的重要指标，生活中宜根据人的使用需求来设定场所的照度值。

　　阅读写字时宜考虑"桌面"照度值，以确保良好的视敏度；走路时宜考虑"地面"照度值，确保人眼准确辨识台阶及路况。

"蓝光"与"蓝色光"有什么区别？

使用电子产品的学生

 孩子，你上网课时别离电子屏幕太近。避免蓝光照射进眼睛。

我没看出来屏幕发"蓝色光"呀！看起来都是白色光。

 我说的蓝光，跟蓝色光是不一样的！

蓝光对眼睛有什么影响？

 　　蓝光与蓝色光是不同的，请明确区分二者。"蓝光"是人眼可见光中的短波光线，波长介于400~500 nm。"蓝色光"是视网膜上的视锥细胞反射给大脑的颜色。

　　蓝光对眼睛的最大隐患是能够穿透晶状体，达到视网膜黄斑区。当眼睛过量接受蓝光的照射后，存在视网膜损伤的风险，而且这种损伤是不可逆的，视力会明显下降。

　　蓝光存在于LED灯具及电子产品屏幕中。当提及蓝光对人眼的危害时，不能避开剂量谈问题。研究发现，人眼能够承受一定的蓝光辐射剂量，当超出安全剂量时，会有损伤黄斑区的风险。

蓝光危害是在一定条件下才能引起的光化学损伤，而非存在蓝光即造成损伤，建议理性对待。在使用电子产品时注意使用距离，不宜小于30厘米（cm）。

近年来，随着科研的进展，人们发现清晨天空中的蓝光，与人的昼夜节律有密切联系，它可以有效抑制"褪黑素"的分泌，使人从睡梦中清醒。

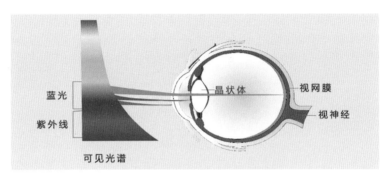

蓝光穿过眼角膜及晶状体，直达视网膜

人眼能看到物体与色彩，是因为光的反射作用。一个物体在白光下给眼睛留下色彩感觉，是因为这个物体反射了白光中与物体颜色相同的波长的光，同时吸收了其他波长的光。

灯光频闪对眼睛有什么危害？

频闪对人体有不良影响

 我发现家里有个吸顶灯一直闪个不停，让人两眼发晕。

这种现象叫做频闪效应，它对健康的危害很大，但却容易被忽视。

 频闪有什么危害呢？为什么会被忽视呢？

咱们去请教光博士吧！

国际照明委员会（CIE）提出，当光线的波动频率大于3250赫兹（Hz）时，对人眼才是相对安全的，但人的眼睛只能感受到波动频率80Hz以下的频闪。当频闪大于80Hz，但小于3250Hz时，最容易被人们忽视而造成对人体的隐性危害。

在国际电气和电子工程师协会（IEEE）发布的风险评估草案——《LED照明闪烁的潜在健康影响》中提出，光源频闪对健康危害很大，会诱发头痛、眼睛疲劳、视力下降、注意力分散、光敏性癫痫等症状。插电式的灯具产品，无论是白炽灯、荧光灯，还是LED光源，都有可能产生频闪。

在生产车间中，人眼在频闪下很容易会产生错觉，把一些快速运转的切割刀片，错看成是静止的，存在着极大的事故风险。想要消除频闪，应重视灯具的电源驱动器。常见荧光灯宜搭配高频交流电子镇流器，LED灯具宜搭配波动深度达到3250Hz以上的电源驱动器。

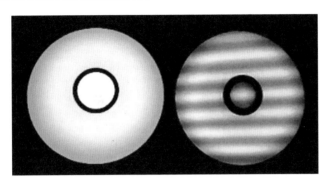

右侧为有频闪现象的灯具

闪烁的光对眼睛有什么危害？

幼儿喜欢凝视闪烁光

 妈妈，您看有人在广场上玩闪光的玩具，多有趣呀。

确实很好看，一闪一闪的。

 能给我买一个发光玩具吗？

这种不间断的闪烁光有诱发光敏性癫痫的风险。

 我在玩电脑游戏的时候，还看到过关于光敏性癫痫的警告提示！

 　　光可以刺激眼睛中的视细胞产生信号并传入大脑。当儿童看到不断闪烁的彩光玩具时，普遍会有兴奋感，喜欢长时间追光凝视。特别是一些闪光玩具，在暗环境中对眼睛的刺激性会更强。相关动物实验表明，在闪烁光环境下生长的幼年豚鼠与正常生长的豚鼠相比，眼轴长度和眼球重量显著增加。

　　日本曾经发生过很多人在观看电视台播放的一个动画片时，突然出现头疼眼花、抽搐晕倒的"光敏性癫痫"的事件。而在调查之后发现，诱因就是动画片中不断闪烁的屏幕画面。

　　建议人们在观看电视时，宜保持室内明亮、不要太靠近电视机；在玩电脑游戏、观看电视时如读到相关的警告通知，应引起重视；给婴幼儿拍照时，尽量不使用闪光灯，避免造成累积性视网膜光损伤等潜在风险。

婴幼儿尽量避免接触闪光灯

 小知识

　　光敏性癫痫是由光照刺激诱发的一种疾病，长时间一明一暗交替的情况，易刺激视觉的感知细胞，使大脑神经元异常放电从而诱发癫痫。在昏暗环境中，闪烁光则增大了光敏性癫痫诱发的可能性。

眩光对人体有哪些影响？

办公室天花板安装的线条灯

我办公桌上的灯具有些太亮啦！平时一抬头就会觉得刺眼，怎么办？

这种光叫"直接眩光"，如果你能忍受就不用处理。

眩光跟人的忍受能力有关系吗？

是的，可以用统一眩光值来衡量眩光。

　　办公环境中普遍采用的LED灯具，光源出光口的表面亮度很高。当空间中的统一眩光值（UGR）大于19时，会给眼睛带来较强的不舒适感，还会诱发人们注意力不集中、心烦意乱、头痛等症状。老年人和孩子对眩光的耐受力较差，统一眩光值宜小于16。

　　高强度的眩光还能引起视力的暂时性失能。例如，夜间驾驶的司机，眼睛被对面汽车的远光灯照射时，会发生几秒钟或更短时间的视力丧失，这是很危险的。

安装在天花板上的灯具，遮光角越大，防眩光效果越好，在安装灯具前，宜提前预留足够的空间，因为深藏防眩灯具所需的高度，比其他灯具略高一些。

UGR小于19

UGR小于16

UGR小于13

UGR不同的线条灯

小知识

眩光是指视野中的亮度分布或亮度范围的不适宜，或存在极端的亮度对比，从而引起眼睛产生不舒适感的视觉现象。直接眩光一般是由于光源的亮度过高所导致的。

灯具的遮光角，是指从水平面量起到光源被灯具遮挡以免被观察者眼睛直接看到光源的角度。

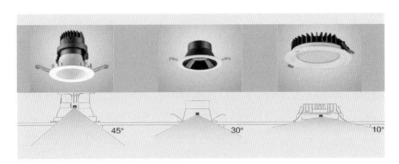

遮光角影响灯体高度

022

光污染对健康有哪些影响？

裸露的光源产生光污染

我发现蓝光、频闪和眩光，是生活中经常存在的，但又容易被大家忽视。

当这些因素叠加在一起时，产生的影响还挺大。

听说光污染对健康的负面影响很大！

光污染与人们科学用光的意识有关系。

　　研究表明，光污染不仅会引发人体生物钟紊乱、昼夜节律失调、情绪焦虑、失眠等问题，而且长时间在白色光亮污染环境下工作和生活的人，视网膜和虹膜都会受到不同程度的损害，视力急剧下降。

　　光污染影响着生态环境和人体健康。室外光污染主要由路灯、车灯、电子抓拍装置、商业彩光照明、人工天幕、激光投影等因素造成；室内光污染主要由光源亮度过高、灯具眩光、使用灯具数量过多等因素造成。

灯光不是越亮越好，过高的照度不仅会导致电力资源的浪费，还会对人体健康造成不利影响。因此建议使用者在利用灯光时，考虑因人、因时、因地、因需等条件。

小知识

什么是光污染？

光污染指干扰光或过量的光辐射对人、生态环境和天文观测等造成的负面影响的总称。城市夜景照明的光污染主要包括干扰光和溢散光两种形式。由于人们80%以上的时间都在室内度过，所以室内空间的灯光污染，对人的健康影响更值得重视。

第二章

学习空间
用光

023

什么是儿童的远视储备？

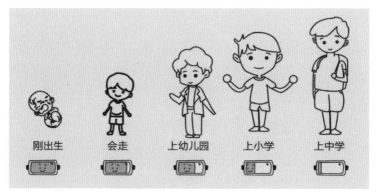

远视储备跟随年龄增长而减少

女儿的视力检测结果显示"远视储备不足"。这是什么意思呢？

意思是她长大后近视的概率很大，远视储备对孩子十分重要！

现在还能改善吗？

只能保护现有的。

由于婴儿的眼睛前后径较短，视看物体经过眼睛的屈光系统，落在了视网膜的后方，就形成了生理性远视。人们把这种生理性远视度数称为"远视储备"。正常情况下，儿童在0~12岁期间，远视度数会慢慢减少。如果人在12岁之前，远视储备就被耗尽，那么随着眼球的发育，未来有发展成近视的可能。

与书籍阅读相比，使用屏幕阅读更容易出现人眼不能正常调节、收敛和变小、近视等症状。儿童适宜在均匀明亮的光环境下进行阅读学习等精细化活动。

儿童活动场所宜选用不高于4000 K色温的LED灯具。

学龄前儿童的阅读书籍应重视纸的亮度（白度），纸张白度建议不小于55％，且不大于85％。

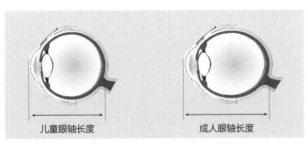

儿童的眼轴逐渐增长

远视储备是眼睛延缓近视的保护机制，是十分珍贵的。为保护它，宜鼓励孩子养成劳逸结合的用眼习惯；当孩子使用电子产品时，尽量保持30厘米（cm）以上的距离。

儿童视力发育阶段参考表

年龄阶段	标准视力	远视储备参考值
1~3岁	0.3~0.6	300~400度
4~5岁	0.4~0.8	250~300度
6~7岁	0.3~0.6	175~200度
8~9岁	0.3~0.6	150~175度
10~11岁	1.0~1.4	100~150度

 小知识

　　人刚出生时眼轴长度为16~17.6 mm，是天生的远视眼；到3周岁时，随着眼球的发育，眼轴快速增长至23 mm左右，远视度数明显降低。3~7岁时，伴随眼轴的进一步增长，屈光度会由远视向着正视方向发展；7岁时，眼球的发育基本完善，正常眼轴一般在23.5~24 mm；10~15岁时，少儿视力会分化成"正视眼""近视眼""远视眼"；到15岁之后，眼轴发育基本成型。

为什么学龄前儿童要筛查立体视觉？

儿童视力筛查应全面

 今天给女儿做检查发现她不仅远视储备不足，还有"立体盲"。

什么是"立体盲"？没听说过！

 咱们之前用远视力表检测的是"中心视力"，却忽视了"周围视力"和"立体视力"的筛查。

那可怎么办呀！还能治好吗？

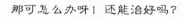

没有光就没有视觉，光照是视觉的基本条件，立体视觉是人类在长期进化过程中获得的双眼高级视功能。"立体盲"的形成与出生后孩子两眼视力差异过大，进一步引发立体视觉异常有关。"立体盲"是可以被治愈的。在儿童6岁之前进行治疗的效果为佳，所以家长们应提早及定期对孩子的视力进行全面筛查。

正常情况下，人用一只眼睛看东西，看到的是一个平面图像，用两只眼睛注视物体时，便产生了立体感。这是因为人的两眼扫描物体的角度不同，物体在两眼视网膜上的成像会有偏差，即"视差"。两眼搜集到信息经过大脑视觉中枢系统融合分析后，形成物体远近、前后、高低、深浅的立体感。

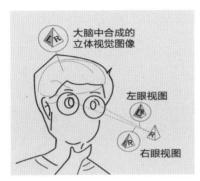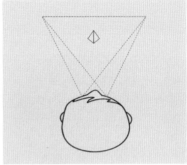

人在大脑中合成立体视觉图像

为什么关灯看屏幕更容易视疲劳？

暗环境下注视电子屏幕易视觉疲劳

 今天我只看了一会儿电脑，眼睛就又酸又痛！

你晚上总是关着灯看电脑，长期下去容易得"视疲劳综合症"。

 关着灯还能导致视疲劳？怎么缓解呢？

我也有关灯后继续看手机的用眼习惯，一起去请教光博士吧！

　　研究表明，视疲劳与空间的光线明暗有着密切的关系。有些人习惯在夜晚熄灯后看发光屏幕，殊不知这样会快速引起眼睛视疲劳。由于黑暗中人的瞳孔是放大的，因此进入眼底的光线就会多一些。这些光线不但对眼睛有刺激性，而且能造成视疲劳综合症。

　　正常人每分钟眨眼为16~20次，但是专注使用手机的人，每分钟眨眼次数会减少。如关灯后使用手机，由于受到屏幕的亮度刺激，会导致人们泪液分泌减少或泪液成分改变，出现眼干、疼痛等症状，严重者会造成角膜上皮炎症和脱落，出现视疲劳和视力不稳定等情况。

在夜晚使用电子屏幕时，宜采取以下措施避免视疲劳：

（1）降低电子屏幕的亮度及对比度。

（2）电子屏幕的旁边不放置裸露、刺目的光源。

（3）电子屏幕周边设置亮度相同的环境灯光。

电脑桌及周围光环境布置方式

　　当电子显示器的照度不大于 200 lx 时，周围 0.5 m 区域的工作桌面照度与其相同。任务区、紧邻周围区、背景区域应"逐步"递减。如果照度骤减，眼睛更易进入疲劳状态。

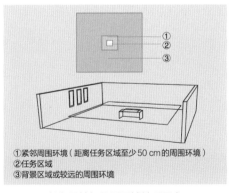

①紧邻周围环境（距离任务区域至少 50 cm 的周围环境）
②任务区域
③背景区域或较远的周围环境

任务区域与周围区域关系示意

作业面邻近周围照度

选购护眼台灯要关注哪些参数？

使用台灯的学习桌

 什么样的台灯适合孩子学习用？

需要看灯具参数和使用者需求。

 什么样的台灯有护眼功能？

我觉得"护眼"是对产品用途的描述，而不是一种功能。咱们去请教光博士吧！

 　　生活中使用的台灯有多种类型，其中用于读写及视觉作业的台灯，应尽量避免照度不足、均匀度低、频闪、眩光、蓝光危害、对人体的电磁辐射、噪声等问题。

　　2016年，中国质量认证中心发布了《视觉作业台灯性能认证技术规范》CQC 1601，对于色温可能超过4000 K的LED台灯，规范要求有提示语；位置可调节的台灯，应给出适合视觉作业的位置或调节范围；对于光和/或色可调的台灯，要求说明调节方法和适合视觉作业的范围。

人们在书写作业时，比阅读时需要更清晰的视敏度。为了便于区分，检测机构将台灯的照度进行分级，A级照度满足普通阅读的功能需求，AA级照度满足书写功能的需求。均匀度越高，书桌表面的光线越均匀，视觉舒适度越好。

台灯的照度与均匀度

选择台灯可参考以下参数：

（1）照度不宜低于AA级，均匀度小于等于3。

（2）台灯的蓝光危害级别应达到RG0豁免级。

（3）光源的显色指数R_a不低于80，达到90以上为佳。LED台灯特殊显色指数R_9应大于0，达到50以上为佳。

（4）台灯在正常工作时，其噪声不得大于25分贝（dB）。

（5）LED灯具色温可调节。亮度可分档调节。

（6）光源表面亮度不大于2000 cd/m^2。

（7）灯头有防眩光设施。

（8）台灯的光输出波形频率f、频闪（闪烁）应符合《为减少观察者健康风险的高亮度LED调制电流的推荐措施》IEEE Std 1789—2015的要求。

（9）荧光台灯应选用高频电子镇流器。

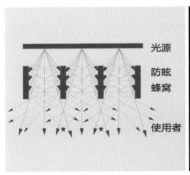

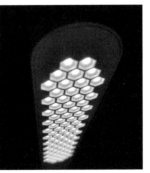

带防眩装置的台灯

读写台灯的照度均匀度要求

如何在书桌上正确摆放台灯？

台灯在左前方　　　台灯在正前方　　　台灯在右前方

 我觉得新买的台灯有些刺眼。

是不是因为摆放方式的问题？

 应该如何摆放呢？

首先要确定台灯在桌面的摆放位置，其次要调整光源的角度。

 我还是请光博士给讲讲吧！

　　　大多数台灯的灯头部分可以调整上下角度。使用时，灯头与书桌角度宜以180°平行角度为佳，可有效避免眩光。

如用右手执笔，宜将台灯放在书桌的左上方，以减少手臂的阴影面积。实验表明，台灯放置在书桌右上方时，阴影面积最大；台灯放置在正前方时，阴影颜

健康用光100问

色最重。

有些台灯是带背景光功能的，目的是提高书桌周围0.5 m区域的环境光，在使用时建议区分灯具的正面与背面；有些台灯可以设置不同模式，由于学习与休息时对光源亮度和色温要求不同，使用者应根据情景进行合理选择。

带背光的台灯摆放方式

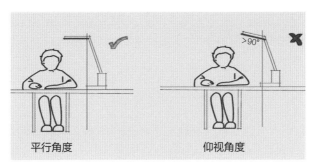

台灯适合平行桌面摆放

学习时的桌面适宜照度是多少？

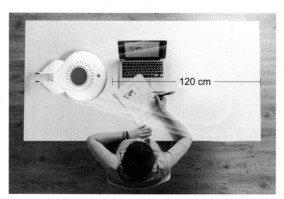

摆放台灯的学习桌

 儿子，你的书桌光线暗吗？

不暗呀！

 总感觉家里不如教室明亮，会不会影响视力？

居家学习的光环境需求跟教室的不一样。

 我怎么感觉亮一些好？

咱们去请教光博士吧！

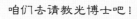

住宅光环境的照度要求没有教室那么高，不需要追求与教室桌面一致的照度水平。青少年居家学习的桌面照度值宜控制在300~500 lx。人们在白天时，学习空间宜优先利用非直射的天然光。天然光不足时，可使用人工光源补充照度。

夜晚时分，住宅中整体光环境约为100 lx，桌面照度不宜过高，宜控制在300 lx左右。2013年由北美照明工程协会（IES）发布的《教育设施照明的推荐性操作规程》中提出，宜根据使用者的视觉年龄进行照度分级。

为减少用人眼来判断造成的误差，避免桌面的照度过高或不足，适宜使用带有照度传感器的台灯。照度传感器可起到自动实现恒定照度的作用，有助于使用者保持视觉舒适度。

不同年龄段人群的居室桌面照度（lx）

年龄段	25岁以下	25~65岁	大于65岁
照度值	> 200	> 400	> 800

照度均匀度良好的学习桌

029

什么情况下宜使用双面发光的台灯？

书桌的位置影响照明方式

 我发现有的读写类台灯是上下双方向发光的。

这种款式的台灯可提高书桌周围的照度均匀度。

 那儿子的卧室适合用这种台灯吗？

那要看学习桌顶部有没有直接照明灯具，没有的话就适合使用这种双面台灯。

当房间的顶部主光源安装在书桌上方时，空间照度均匀度较高，这时只使用向下发光的台灯就能满足桌面的均匀度要求。生活中，人们通常将主光源安装在天花板中央，将书桌摆放到墙角靠窗一侧。在这种情况下，书桌照度均匀度欠佳，适宜使用双面发光的台灯。

白天时，阳光通过窗户照进室内，环境光较为充足，人眼不容易产生视疲劳。夜晚来临，环境光线仅依靠灯光，书桌的照度均匀度与白天相比要降低很多，这也是人们产生视觉疲劳的原因之一。

双面发光的台灯，可以起到提高空间均匀度的作用。当书桌兼具电脑桌功能时，台灯适合开启向上发光的功能，可避免屏幕的反射眩光，延缓使用者的视疲劳进程。

使用电脑时的光线布置

双面发光的台灯可提高空间均匀度

为什么学习光环境不能仅考虑台灯？

多种光源的学习空间

 咱们家书房安装的吸顶灯是无频闪的吗？

我选灯的时候没注意，只关注款式了。

 回头我检测一下。

不需要吧，书桌上选个好台灯就行了吧？

 有读写功能的房间中，每盏灯的品质都会关系到孩子健康，不能大意啊！

　　空间光环境是所有光源共同作用的结果，不能只重视一盏灯具或某块区域的光源质量，还要考虑整体光环境的品质。如房间中的原有灯具存在频闪，增加一盏性能良好的台灯，并不能抵消房间内其他灯具对人产生的不利影响。

　　建议先用检测设备测量已安装的灯具，待改造合理后，再增加新的灯具。学习空间中的所有灯具，建议达到三色调光、无频闪、高显色性的功能要求。其中，三色调光是指色温可调节成3000 K、4000 K、5000 K；根据我国发布的《健康建筑评价标准》T/ASC 02—2021，长时间视觉工作场所内，照明的频闪百分比不宜大于6%。

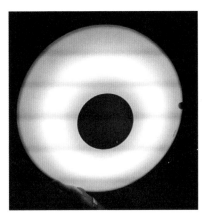

存在频闪的吸顶灯

如何避免电脑屏幕上的眩光？

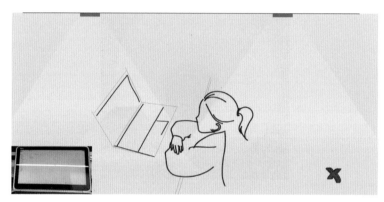

存在眩光的电子显示器

 请帮我关掉天花板上的灯。

那样的话屋子里会很暗，看电脑会造成视疲劳。

但是开灯的话，屏幕上会反射很刺眼的光。

这种叫"反射眩光"，把屏幕调整至垂直于桌面会有效改善。

由于电脑屏幕表面的反射率较高，仰角使用时，屏幕容易反射天花板上的光源，这样就形成了反射眩光。反射眩光和直接眩光一样，都会引发人们眼睛的不舒适感、造成注意力不集中等情况。

电脑屏幕除了会反射天花板上的光源外，也容易反射其周围的光线。有些电子显示器有自动调节亮度的功能，当它旁边台灯的光线照射到屏幕时，就会导致屏幕亮度自动增强。这种情况下的光环境不利于使用者的视力健康。

电脑屏幕前，可使用偏配光功能的灯具，这样既可以照亮桌面，也可避免台灯产生的反射眩光。

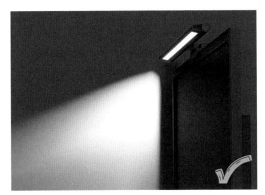

偏配光台灯照射下屏幕无眩光

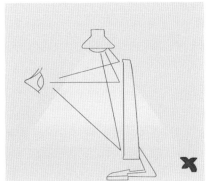

全配光台灯照射下屏幕有眩光

如何避免桌面的反射眩光？

存在反射眩光的桌面

 为什么我的学习桌上，总有一个刺眼的光点？

那是因为桌面反光。

 我觉得是因为桌子顶部安装灯具的原因。

这个光点虽然不算刺眼，但是得眼睛不舒服。

 咱们还是去请教光博士吧。

     长时间工作学习的桌面，不宜使用光滑、反射率高的表面材料。可尝试以下方法，解决此类眩光：

（1）使用桌布或反射率低的垫板。

（2）在确保桌面照度的情况下，挪动桌子，避开灯光的中心光强区域。

（3）使用间接照明灯具，或加装防眩光格栅。

当天花板灯具安装在电脑顶部位置，如果选用向下发光的灯具，光束角"中心光强"会照射在显示器和桌面上，出现反射眩光的概率会增加。为避免造成视觉不舒适感，宜选用间接照明方式的灯具，光线通过在天花板的二次反射，变得更加柔和。

　　层高低于2.4 m的房间，宜使用间接型照明灯具。灯盘比筒灯的发光面积更大，光线更为均匀。常见的灯盘可分为直接型和间接型两种，间接型比直接型的光线更加柔和，但在同等功率下发光效率不如直接型灯盘。

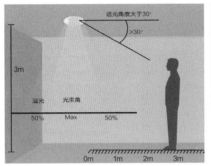

灯具的中心光强与遮光角

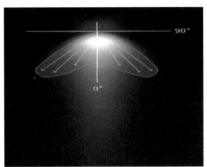

配光曲线与中心光强

电脑桌不适合放在筒灯正下方

 小知识

　　中心光强是指灯具处于正常发光状态时，在中心光束轴线上测得的发光强度值。中心光强通常是光强最高值。如果灯具的中心光强过高，宜增加防眩光装置，以减少眩光。

033

带窗的房间电脑桌如何摆放？

电脑桌不适合背靠窗户

 你怎么白天拉着窗帘开着灯，浪费电呀。

这间书房的窗户朝南，不拉窗帘光线太亮。

 亮一些不挺好吗？就不用开灯了。

光线太亮会影响我使用电脑。

 你把电脑背靠着窗户摆放怎么样？

我试过了，那样电脑上的反光会更多。

 在有侧向采光窗的房间中，若电脑桌与窗户平行摆放，电子显示屏幕容易出现反射眩光。白天可采用百叶窗帘或透光率50%左右的纱帘，进行局部遮阳。

为了最大限度地减少入射阳光造成的眩光，对于距离南向窗户4.5 m范围内的书桌，电脑屏幕宜垂直于窗户摆放，或与窗口平面垂直的20°角范围内。低眩光的室内光环境，有助于使用者提高效率，延缓视觉疲劳。

电脑桌适合垂直于窗户

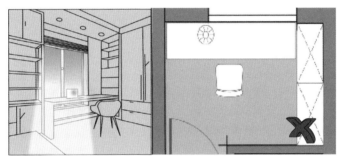

电脑桌不适合正对窗户

第四章

生活空间
用光

婴儿卧室的灯光应该注意什么？

婴儿床上方避免直射光

 为了迎接小宝宝的到来，我把卧室的吊灯遮起来啦！

谢谢你！我也在担心这些裸露的光源。

 我还把天花板射灯的光线调暗了！

还是你比较细心！

为迎接家庭中的新成员，父母们通常会在宝宝出生前，进行卧室的改造，建议不要忽略对光环境的优化。因为婴儿从出生起大部分时间内都会躺着，裸露的吊灯光源产生的眩光，对婴儿的眼睛有刺激性，易导致哭闹。宜将卧室中的直接照明灯具，包括筒灯、射灯、裸露光源的吊灯进行遮光。

婴儿出生后尽管视力发育还不完全，但大多数婴儿对光亮是十分敏感的，存在"追光"的情况。当他们的眼睛朝向有光的一侧时，头也会不由自主地偏向同侧。建议父母们悉心观察，每隔一段时间，对婴儿床或光源的位置进行调整，避免"睡偏头"。

　　天然光线能够调节婴儿的昼夜节律，养成良好的睡眠习惯。宜选择南向且有阳光的房间，作为婴儿与母亲的卧室。若出现婴儿白天睡觉、夜晚不睡觉的情况，可尝试让婴儿在白天充分感受户外明亮的阳光，夜晚则关闭所有灯光和窗帘。

避免婴儿头骨发育不对称

早晨	上午	中午	下午	傍晚
<2000 K	3500～4500 K	5500～6500 K	3500～4500 K	<2000 K

不同时段天然光的色温变化

开灯睡觉有什么危害？

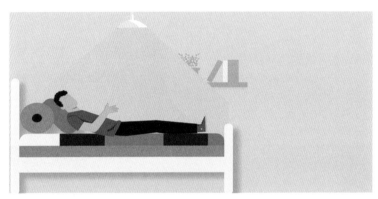

人不适合开着灯睡觉

 爸爸，我能开着灯睡觉吗？

最好不要开灯睡觉。

 为什么呢？

开灯睡觉不仅浪费电，还会影响昼夜节律。

　　开灯睡觉不利于褪黑素的分泌，进一步影响人们睡眠的时长和质量。获得足够和良好的睡眠对人体健康非常重要。青少年的生长发育除了遗传、营养、锻炼等重要因素外，还与生长激素的分泌有一定关系，而生长激素的分泌与睡眠密切相关。

　　在正常情况下，夜间分泌的生长激素比白天多，为白天的3倍，一般睡眠后45~90分钟开始分泌生长激素，平均在睡眠后70分钟达到分泌高峰。如果入睡时间推迟，生长激素的释放随之延迟。22点到次日凌晨1点是生长激素分泌高峰期，若错过这段时间细胞新陈代谢将受到影响。

光信号影响大脑垂体与松果体

受光线影响的人体激素表

制定睡眠规律的激素		睡眠中产生的激素
褪黑素	皮质醇	生长激素
松果体分泌	肾上腺分泌	脑垂体分泌
向身体传达"黑夜"进入休息状态	向身体传达"白天"进入清醒状态	促进新陈代谢，修复受伤组织

 小知识

　　生长激素为脑垂体前叶分泌的生理活性物质，能直接作用于全身组织细胞，促进组织中蛋白质的合成，增加细胞的体积和数量，促进机体生长。

如何叫醒孩子并且不赖床？

习惯赖床的孩子

 儿子，既然醒了就别赖床啦！

可我的大脑还在迷糊中。让我再睡一会儿吧。

这种情况叫睡眠惰性，拉开窗帘或增加光照可以有效缓解赖床。

闹钟都叫不起来，打开窗帘能管用吗？

 　　睡眠惰性是人们经常感受到的一种生理现象，未成年人的清醒过渡时间略长于成年人。所以孩子在清晨醒来时，行动略显迟缓是正常的。
　　随着光照的非视觉作用（指对视知觉以外的身心状态，如生物节律、褪黑素分泌、行为反应、情绪状态等产生的直接或间接影响）研究的日益加深，人们发现利用灯具模拟适当的光照环境，可在一定程度上缓解睡眠惰性。研究表明，模拟黎明光照对人醒后积极情绪、主观警觉性、持续性注意和抑制功能的恢复产生了明显的促进作用。

可尝试利用光线进行自然唤醒，方式如下：

（1）安装两层窗帘。一层纱帘，其透光率在50％左右；一层遮光帘，其遮光率在80％左右。利用智能控制系统设置定时开启。在起床前30分钟自动开启遮光帘，增加光照。

（2）在窗帘盒安装双色LED灯带[8~14瓦/米（W/m）]，在阴雨天或天亮较晚的冬季，进行人工模拟采光。灯带宜采用暖光、白光两种色温，早晨使用5000 K白光，夜晚使用3000 K暖光。

（3）使用灯光唤醒功能。将智能灯具摆放在床头（距离头部40 cm左右的区域）。在起床前的一段时间自动开启较强光线。

用灯光模拟天然光

有自动唤醒功能的灯具

小知识

睡眠惰性又称睡眠惯性，是指人从睡眠到完全清醒的过渡状态，即唤醒后出现的一段暂时的低警觉性、迷惑、行为混乱、认知和感觉能力下降的状态。

什么样的卧室适合无主灯照明？

无主灯照明的酒店客房

 我特别喜欢这次入住的酒店客房。

我也一样。

 客房白天采光特别好，夜晚使用的是无主灯照明。

不如把咱家卧室的主灯也去掉？

 咱家卧室采光不太好，好像不太合适。

　　无主灯照明方式是一种不在天花板上安装吸顶灯或吊灯的方式，使空间显得简洁。在使用此方式前，要考虑卧室的自然采光情况。如白天卧室内自然采光良好，可使用无主灯照明的方式。反之，则不建议采用此方式，避免由于光照不足导致的人体节律紊乱。

　　如果想营造令人愉悦、放松惬意的氛围感，可不在天花板上安装吸顶灯、吊灯等灯具直接照明，而是在墙壁、家具上安装暗藏灯带。也可利用落地灯、壁灯等间接照明灯具，让光线通过多次反射，均匀柔和地照亮整个空间，营造轻松的光环境氛围。

无主灯照明的卧室

如何避免卧室床头的眩光？

床头有射灯的卧室

 总觉得咱们卧室床头的灯光有问题，躺着的时候特别刺眼。

对啊，当初是为了把装饰画照亮，才加装了射灯。

 现在的情况是装饰画没被照亮，光线全照到眼睛里去啦！

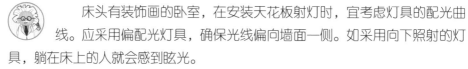 床头有装饰画的卧室，在安装天花板射灯时，宜考虑灯具的配光曲线。应采用偏配光灯具，确保光线偏向墙面一侧。如采用向下照射的灯具，躺在床上的人就会感到眩光。

有装饰画的背景墙面，应根据配光曲线提前计算灯具的安装位置，避免射灯光线没有完全落到装饰画上。从外观上来说，偏配光灯具的外观与普通灯具略有不同。保持一定间距并连续安装的偏配光灯具，可以达到连续洗墙的效果。

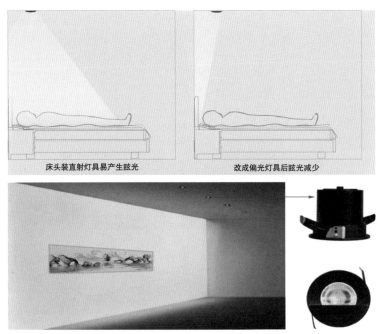

床头装直射灯具易产生眩光　　　　　　改成偏光灯具后眩光减少

连续的偏光有洗墙效果

小知识

配光曲线指光源（或灯具）在空间各个方向的光强分布。有三种方式表达：极坐标、直角坐标、等光强曲线。同一外观的灯具，配光曲线有可能不同。

卧室适合使用什么照明方式？

使用混合照明方式的卧室

 我觉得卧室适合把灯带暗藏起来，"见光不见灯"。

为什么呢？

 因为这样光线柔和，显得更加温馨。

你说的这种方式叫做间接照明。

 　　卧室适合采用间接照明的方式，搭配3000 K及以下色温的光源，可营造让人感觉放松的光环境。在床头区域，可采用光线柔和的壁灯、灯带。

　　间接照明是使用间接型灯具通过墙壁、镜面、地板等将光源反射后，形成的一种照明效果。它最明显的特点是光线通过反射作用，漫射到空间中。通过邻近面的漫反射作用，光线会更加均匀地分布，视觉感受会更加舒适。

使用间接照明的床头

使用间接照明的窗帘

客厅适合使用什么照明方式？

分区（一般）照明的客厅

 我想在客厅沙发旁，增加一个落地灯。

您想做什么用呢？

 晚上看电视的时候，开吸顶灯太亮。

或者增加一个壁灯也行。

 明白，我来负责增加局部照明。

　　客厅或起居室适宜选用混合照明方式。使用者可以根据不同的需求场景进行灵活搭配。只使用主灯照明，无其他辅助光源时，虽然能满足普通照明的需求，但使用功能较为单一；只采用局部照明，则容易出现照度均匀度不足的情况。

　　根据客厅灯具布置情况，建议可以在沙发周围设置局部照明灯具。以下方式三选一：

（1）增加防眩光的台灯或落地灯。

（2）墙面安装间接照明型壁灯。

（3）天花板设置暗藏灯带。

室内常见照明方式

一般照明	为照亮整个场所而设置的均匀照明
分区（一般）照明	对某一特定区域，如工作的地点，设计成不同的照度来照亮该区域的一般照明
局部照明	特定视觉工作用的、为照亮某个局部而设置的照明
混合照明	由一般照明和局部照明组成的照明方式

混合照明的客厅

带窗的卧室为什么要重视遮光？

开东窗的卧室

 妈妈，别睡啦！快起来陪我玩！

你怎么醒得这么早，天才刚亮。

 我感受到了窗外的光线，就再也睡不着了。

我昨晚已经关好窗帘了呀！

 或许是因为窗帘的遮光不足，再加上房间的窗户朝向东方的原因。

　　"日出而作，日落而息"是古人遵循大自然昼夜更替规律的真实写照。研究发现，人体一天内接受光线照射的程度，会影响人体器官的周期性运动。正常的生物钟对维持人体生理活动至关重要，而生物钟紊乱则会给人带来一系列的健康问题。

　　清晨天色渐渐泛白时，光线中包含了大量的蓝光，能够让大脑中的松果体减少分泌褪黑素，人的意识会逐渐清醒。如果儿童房窗户朝东，再加上窗帘遮光效果较差，就会导致孩子过早感受到窗外的光线，睡眠周期就会变短，进而影响生长发育。

选择儿童卧室的窗帘，不能只考虑外观颜色，更需要考虑面料的遮光率。特别是窗户朝东向的卧室，宜使用遮光率90％以上的窗帘。这样可以很好地遮挡窗外清晨的光线，只有当天色大亮时，屋内的人才能感受到，避免过早起床。

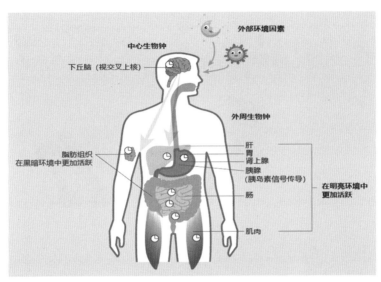

人体生物钟对器官的作用

人体生物钟是指生物体内的一种无形的"时钟"，实际上是包括人类在内的所有生物生命活动的周期性节律，与自然界的节律如昼夜变化、四季变化等一致。

042

餐厅适合哪种照明方式？

有多重影子的餐桌

 我发现餐桌上有多重影子，令人眼花缭乱。

我也觉得眼晕。

 这与餐桌上的吊灯光源四周有过多的装饰有关。

这是我特意搭配的吊灯，没想到会这样。

 　　在为餐厅选择吊灯时，除了考虑灯具造型美观外，人们也需重视光的品质和光影效果。研究表明，在明亮的光环境下用餐，人们选择低热量健康食品的概率会提高。想要减少餐桌上多方向的影子，可尝试以下方法：

　　（1）在多光源吊灯的周围安装筒灯，用来抵消多重阴影。

　　（2）选用单一光源的灯具，避免多光源导致的重影。

　　（3）选择集成式灯具，将光源集中在餐桌上方。

　　总之，无论选用什么造型的灯具，餐厅中的光环境，都应满足用餐者的视觉舒适度要求，使桌面上的菜品成为视觉的中心。

早餐混合照明

晚餐局部照明

将光源集中在餐桌上方

043

餐厅适合用什么样的光源？

使用多种光源的餐厅

 今天去的这家餐馆环境真不错。

对啊，我发现灯光下的食物很诱人！

 为什么咱家的灯光没有这种效果呢？

有可能是光源的原因，咱们去请教光博士吧！

 　　公共餐厅的菜品陈列区，适合使用卤钨灯。卤钨灯又叫卤素灯，原理为钨丝加热发光，用这类灯光照射菜肴，可以帮助菜品保温。

　　餐厅光源的显色性会影响人的视觉辨识度。光源的显色指数值越高，被照射物体的色彩还原度越好，人的食欲会被调动起来。餐厅如使用LED灯具，宜选用一般显色指数R_a大于90，且饱和红色R_9大于50的光源，以提高菜品颜色的辨识度。

使用特殊显色光源的吊灯　　　　　　光源使烘焙食物显得鲜美

浅红色 R_1	深灰黄色 R_2	深黄绿色 R_3	黄绿色 R_4	浅蓝绿色 R_5
浅蓝色 R_6	浅紫色 R_7	浅红色 R_8	饱和红色 R_9	强黄色 R_{10}
深绿色 R_{11}	浅蓝色 R_{12}	淡黄色 R_{13}	橄榄绿 R_{14}	亚洲肤色 R_{15}

国际照明委员会定义的光源下物体颜色

 小知识

　　显色指数是光源显色性的度量单位。以被测光源下物体颜色和参考标准光源下物体颜色的符合程度来表示。国际照明委员会选定的第1~8种颜色显色指数的平均值，被称为"一般显色指数"，符号是 R_a，其余第9~15种颜色的被称为"特殊显色指数"，符号是 R_i。

光源的显色指数

超市的肉为什么看起来更新鲜？

使用饱和红色光源的生鲜区

 真奇怪！刚买的鲜肉，回家后发现颜色变了。

您的眼睛被光欺骗了。

 还有这事儿？

对啊，生鲜区有可能使用了特殊的光源，光谱不太一样。

 我还以为自己拿错了。

 　　鲜肉买回家后，看起来没那么新鲜，这是因为一些生鲜区使用的光源，使用了特殊的光谱。在这种情况下，人眼的辨别力被光色蒙蔽了，认为鲜肉非常新鲜。

　　之前我们提到过，在LED光源中特殊显色指数——R_9越高，物体显得越红润。当特殊显色指数R_9饱和度较低时，人的面部会显得苍白没有生气；当R_9饱和度较高时，人脸会显得健康红润。灯具的光谱不同，眼睛观察到的视觉感受也不相同。在展示空间中，可利用光谱重点凸显物品的某种颜色。

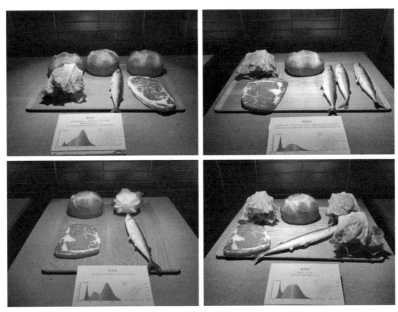

不同光谱的光源

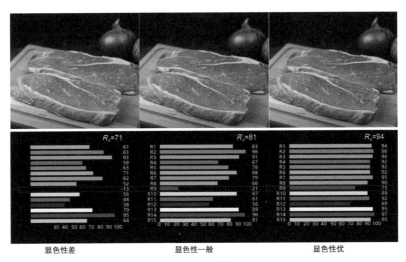

显色性差　　　　　　　　　　　显色性一般　　　　　　　　　　显色性优

显色指数对视觉的影响

如何布置厨房的灯具？

吊柜下未安装光源的厨房

厨房切菜的台面不够亮，晚上看不清楚。

不应该啊，我特意在天花板安装了大功率面板灯。

但是光线被吊柜和身体遮挡了。

原来如此，我想办法再增加一些灯具。

在我国相关标准中，要求厨房台面的照度值不应低于150 lx。在有吊柜的厨房，来自顶部的光线会被吊柜遮挡。宜在吊柜底部、水槽上方、橱柜内部增加灯具，不仅可以增加照度，也可有效提高均匀度，有利于使用者观察和操作。

老年人使用的厨房台面，其照度值不应低于300 lx，达到500 lx为佳。

吊柜下安装光源的厨房

门厅适合什么样的照明？

只有顶部照明的门厅

增加局部照明的门厅柜

 总觉得晚上门厅的光线不足，换鞋时很不方便。

 我也有同感！

 特别是找东西时，还要打着手电。

 咱们想办法在柜子里增加一些灯具吧。

 我想过，但是没有预留电源，怎么办？

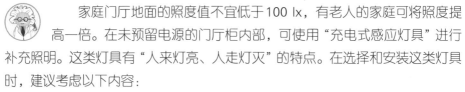
　　家庭门厅地面的照度值不宜低于100 lx，有老人的家庭可将照度提高一倍。在未预留电源的门厅柜内部，可使用"充电式感应灯具"进行补充照明。这类灯具有"人来灯亮、人走灯灭"的特点。在选择和安装这类灯具时，建议考虑以下内容：

　　（1）感应范围不小于120°。

　　（2）具有亮度识别功能，在白天光线充足时，人来感应不开灯；在夜晚照度不足时，人来感应开灯。

（3）灯具应有CCC（中国国家强制性产品认证）标识。

中国国家强制性产品认证

灯具标识

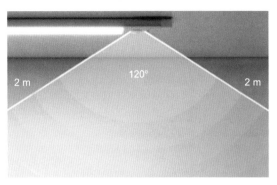

灯具的自动感应范围

混合照明方式的门厅

如何用光装饰长走廊？

有装饰画的走廊墙面

 我想把长走廊改造成展示墙。

可以利用灯光来营造艺术感。

 但是装饰画大小不一，怎么办？

有的灯具可以调整光束角，配合墙面变化。

人们可利用灯光营造长走廊的艺术感，使用重点照明的手法突显视觉重心。当最高照度与平均照度的比值在4:1的情况下，人的视线很容易被吸引，被光照亮的区域会成为视觉的中心。同时，可根据灯具与装饰画的安装距离，选择匹配的灯具光束角。

在采光不足的走廊，容易形成幽暗的恐惧感。为减少使用者的负面感受，可以在走廊顶部安装连续照明效果的轨道灯具，也可利用暗藏灯带，形成连续的墙面照明。

如走廊墙面的装饰画经常更换，宜安装"可变光束角"的轨道射灯，一支灯具可以被手动调节出多个不同的光束角，实现多种艺术效果。

画与墙面4:1照度比

连续照明有延伸感

　　光束角是指灯具发出光的角度。光束角越大，中心照度越小，光斑越大。室内空间灯具常用的光束角有15°、25°、36°、45°、55°等。

048

穿衣镜前的灯应该怎样设置？

穿衣镜现状

 刚买的衣服，穿起来不如在商店里显得脸色好看。

会不会是你挑花了眼？

 不可能，我试了好几遍才付款的。

我分析是因为商店灯光布置的原因。

　　穿衣镜两侧适宜布置灯具，使镜前的垂直照度值大于200 lx。垂直照度越高，观察效果越佳。穿衣镜前的光源颜色，不宜使用暖色光，宜使用白光避免服装颜色失真。穿衣镜前的光线越均匀，观察效果越佳。

　　最简单有效的灯具布置方式，就是在穿衣镜前摆放落地灯；其次是在穿衣镜四周安装灯带；或者选择一个带灯箱的镜子。

穿衣镜前及四周布置灯具

穿衣镜改造后

 小知识

　　在布置衣帽间、化妆间的光环境时，宜重视房间"垂直面"的照度值，垂直面是指垂直于地面的墙壁或物体表面，是除了桌面、地面照度外，评价空间照度情况的重要参数。

女士化妆需要什么样的光？

镜前灯过亮的梳妆台

 你今天把腮红画的太浓了，看起来很别扭。

我刚才化妆的时候怎么没看出来？

 我分析是与你的梳妆台光线太亮有关。

还真是，我忘记调节镜前灯的亮度啦！

 　　女士化妆的效果受光线影响很大，家里的梳妆台适宜摆放在窗边，最大程度地利用天然光。在天然光下的化妆效果比在灯光下的更自然。

　　化妆镜前的光环境需要达到足够的照度，确保人脸及上半身的垂直照度不低于300 lx。当照度不足时，不利于化妆者观察；当照度过高时，就容易把妆面画得过于浓重。

　　在梳妆台周围安装明暗亮度可调节、色温冷暖可调节的灯具或成品化妆镜，是一种模拟不同场景下化妆效果的有效方法。

公共空间常用色温

模拟户外场所	模拟办公室、报告厅等	模拟餐厅、舞台等
5000 K色温	4000 K色温	3000 K色温

搭配发光镜的梳妆台

搭配发光镜的盥洗台

洗澡时为什么不能让婴儿盯着浴霸？

婴儿洗澡不宜使用浴霸

小宝宝要洗澡啦，请帮忙打开浴霸。

我担心浴霸的光线太强，对孩子眼睛不好！

我们会很快洗完，应该没关系吧。

还是别用孩子的健康冒险，咱们去请教光博士吧！

　　浴霸是一种室内电加热器，其加热的原理为热辐射，通过散发大量的红外线（不可见光）来提升房间温度。躺着洗澡的婴儿，对亮光非常感兴趣，经常会目不转睛地盯着发光物体，这种行为存在着一定的风险。研究表明，波长为0.75~13微米（μm）的红外线，特别是11 μm左右的红外线，如果直接照射到视网膜黄斑区，可引发视细胞变性，产生光损伤。

　　此外，视网膜光损伤具有累积性的特点。与急性光损伤的明显症状相比，慢性光损伤更容易被忽视。婴儿的器官比较娇嫩，晶状体清澈透明，受到强光照射后存在的隐患比成年人高。婴儿不具备完善的语言表达能力，更应得到家长们的重视，提前防范。

　　儿童在8岁前应避免强光刺激，短时（1分钟）的强光照射就可以对婴幼儿的黄斑区域造成损害。

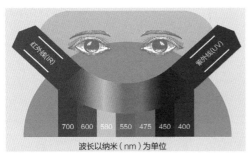

人眼可见光谱的构成

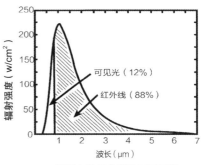

光源中的红外线为不可见光

　　光损伤指由于眼睛受到强光的照射，或长时间直视光源，导致视网膜的损害。

如何布置盥洗区的灯具？

镜中使用者的脸部存在阴影

 咱家洗漱台那里的灯光有问题。

不够亮吗？

 我刮胡子的时候，脸上都是阴影，看不清楚！

需要看那么清楚吗？

 这跟女士化妆一样重要。

 　　如果只在天花板中间布置灯具，而不是在洗漱台的上方，不仅容易造成洗漱台垂直照度不足的情况，还容易在人脸处形成阴影。

　　住宅中安装镜子的区域，需要重点考虑灯具的安装位置，便于使用者观察。特别是有刷牙、刮胡子、化妆、佩戴隐形眼镜等细微操作的盥洗区，可采用增加灯具的方式解决阴影及光照不足的问题。

　　（1）在洗漱台上部增加灯具。

（2）增加镜前灯或壁灯。

（3）天花板与墙面交界处增加暗藏灯带。

光环境较佳的盥洗区

为什么浴室要选择IP高的灯具？

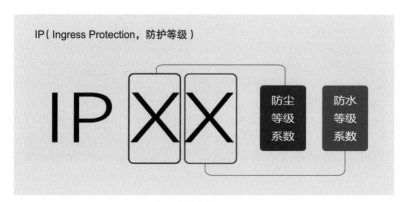

IP（Ingress Protection，防护等级）

IP XX 防尘等级系数 防水等级系数

灯具的防护等级释义

我洗澡的时候把水溅到灯上啦，会不会漏电？

不用担心，咱家浴室的灯具IP等级高。

什么是IP等级？

就是灯具的防护等级，咱家浴室灯具是IP44的。

　　IP是防护等级的英文缩写。IP代码后面由两个特征数字组成，第一个数字表示防尘、防止外物侵入的等级；第二个数字表示防湿气、防水进入的密闭程度。数值越高，代表其密封性越强。

　　在浴室、游泳池等潮气较大的室内空间，宜选择IP44及以上的灯具；除浴室外的室内空间，宜选择IP20及以上的灯具；室外走廊、雨篷宜选择IP54及以上的灯

灯具的IP等级释义

具；室外景观、建筑外立面，宜选择IP65及以上的灯具；水池中应选择IP68及以上的灯具。

基本参数

产　品：φ94×H63.5mm
开　孔：85mm
功　率：7W/9W
安装类型：嵌入式
颜　色：哑白
材　质：压铸铝

基本参数

色　温：4000K
光束角：30°
防护等级：IP54

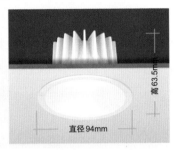

浴室安装灯具注意防护等级

053

无窗房间适合用什么灯？

无采光窗的房间

 我想把地下室改造成书房。

我觉得不太合适，地下室没窗户多憋闷。

 有一种造型和采光窗相似的天然光模拟器，可以改变这种情况。

天然光模拟器？有用吗？

无窗的房间适宜选用全光谱类照明产品，以人工光源模拟太阳光的光谱，即天然光模拟器。通过模拟器显现蓝天白云、晴朗多云的场景，可以缓解封闭空间的紧张感，营造积极情绪。

研究表明，天然光不仅对人体昼夜节律有积极的影响，还进一步对人体神经系统和内分泌系统产生影响。天然光分为太阳光和大气层散射的光线。天然光模拟器通常具有时钟自动调节功能，在一天中不同时段，模拟器随时进行明、暗调节。有的模拟器还可以模仿太阳光照进窗户的效果。

模拟日照效果

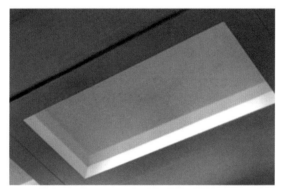

模拟蓝天效果

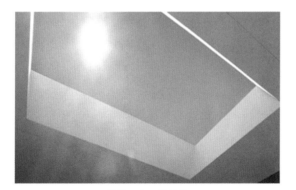

模拟日出日落效果

第五章

**适老空间
用光**

054

不同年龄段的人光感为何不同？

不同年龄的人在一起阅读

 需要把灯调亮一些吗？桌子上有点暗吧。

我觉得刚好合适。

 我觉得还有点亮呢。

看起来我们对光的感受差别很大！

 为什么会这样？

这次我要谈一谈人的年龄与视觉的关系，年龄越大，人眼感知光线的能力越差。青少年的晶状体透光率相对较高，对光线较为敏感。随着年龄的增长，眼球中的晶状体逐渐老化，不如之前那么清澈，透光率逐渐降低，就产生了对光源亮度的感受差异。在布置学习及阅读空间时，建议充分考虑使用者的年龄。

国际照明委员会提出，在使用同一种光源的发光强度下，70岁人的视网膜照度是22岁人的75%。如居家学习时，儿童需要搭配的桌面照度为200~300 lx；成年人则需要500~600 lx的照度水平；而老年人就需要达到700~800 lx的照度水平。

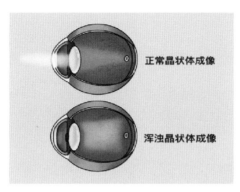

老年人的晶状体变浑浊

老年人的视力发生什么变化？

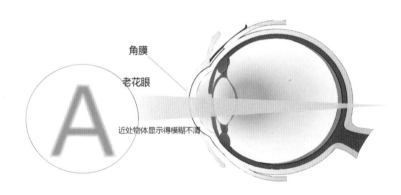

角膜
老花眼
近处物体显示得模糊不清

人的视力随年龄变化

 奶奶，我发现您跟爸爸戴的眼镜不太一样。

我戴的是老花镜，你爸爸戴的是近视镜。

 您是从多大年纪开始"老花眼"的？

年轻时我的视力很好，50岁左右视力逐渐变差，看远处清楚，看近处模糊。

随着人年龄的增加，眼睛的调节力下降，导致"近点远移"，即读书、看报、写字时，将目标放远方能看清楚，放近处反而模糊不清。此种现象称为老视，俗称"老花眼"。

研究表明，当人的年龄接近50岁时，晶状体会逐渐浑浊和硬化，睫状肌的调节功能减退，眼轴会逐渐变小。老年人的视力会出现以下变化：

（1）视力水平随年龄增加而下降。

（2）眼内光散射增加。

（3）空间对比度降低。

（4）对眩光更加敏感。

（5）对色彩判别能力降低。

老年居室用光有哪些不同？

准备居家养老的老人

 我们打算居家养老。

我建议对房子进行一些适老化改造。

 除了要增加无障碍设计外，还需要改什么？

照明方式与普通住宅有不同之处！

　　随着我国老龄化加剧，居家养老的人数逐年增加。住宅改造应重视室内光对老年人身心健康的影响。与普通住宅相比较，不同之处包括以下几点：

　　（1）老年人的卧室宜安排在有阳光射入的南向，且床铺能被阳光充分照射到，有利于卧床的"半自理"老人接受日光浴。

　　（2）卧室适宜采用吸顶灯，可有效提高照度均匀度。在床头增设灯具的双控开关，在床边及卫生间门口的墙面增设感应夜灯。

（3）餐厅适宜安装显色指数较高的灯具，减少老年人因看不清食物而引起的食欲减退。

（4）客厅适宜采用混合照明方式，在沙发等处增设台灯或落地灯，便于阅读使用。

（5）为避免出现失能眩光，房间的墙壁不宜采用雪白或亮光的材质。地面材料的反光率不宜过高。

老年人的起居室光环境

057

老年居室适合什么照度？

老年人的起居室光环境

 请帮我家多设计一些灯具，我喜欢明亮的家居环境。

您的意思是明亮而且均匀的光环境吧。

 是的，最少要达到标准要求。

没问题，我先去查查行业标准。

老年人的居室照度水平应该比普通住宅高，照度值按照房间功能略有不同。厨房的操作台面、卫生间的地面及洗漱台等操作空间的照度，与老年人的安全相关，宜根据功能所需确定照度值。

选择房间中的灯具时，不仅要考虑灯具的功率，还应考虑灯具的光通量。同等功率

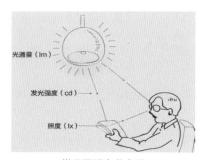

常见照明专业术语

的灯具，光通量越高看起来就越亮。

老年居室照度标准值

卧室	一般照明	300 lx
	床头、阅读	750 lx
起居室	一般照明	300 lx
	书写、阅读	750 lx
餐厅	一般照明	500 lx
	书写、阅读	—
厨房	一般照明	300 lx
	准备台	500 lx
卫生间	一般照明	300 lx
	洗脸、化妆	600 lx
走道	一般照明	300 lx

058

卧室为什么要装双控开关？

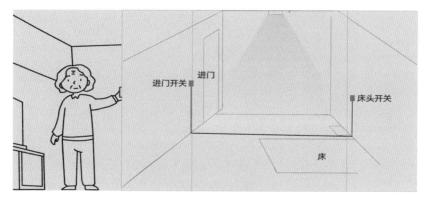

安装双控开关的老年卧室

 每次关灯都要走到卧室门口，很不方便。

如果可以在床头能开关灯就方便了。

装修改造时，我可以在卧室装"双控开关"。

双控开关安装在什么位置呢？

　　如果卧室中只在门口安装灯具开关，容易出现老人摸黑走到床边的情况。安装"双控开关"，老人就不用下地关灯，躺在床上一伸手就可以进行控制。开关面板适宜安装在床头两边墙壁处，高于床头柜，距地高度60 cm左右为宜。

　　双控开关可分为"一开双控"及"多开双控"。如果卧室中只有吸顶灯（一条回路），可在门口和床头分别安装"一开双控"开关；如果卧室中同时安装壁灯或暗藏灯带（两条回路），可采用"二开双控"的方式。楼梯及走廊等区域，同样适宜采用"双控开关"。

　　为避免老年人在夜晚开灯时，不能快速分辨墙面开关的位置，可选择有夜光提示灯的开关。老年住宅中，适宜使用外观颜色与墙面颜色不同的开关，便于视力退化的老人识别。

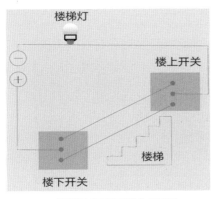

楼梯间"双控开关"示意图

有夜光提示的开关面板

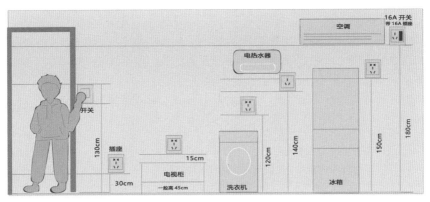

常见开关及插座高度

小知识

　　"双控开关"是指在一条灯具回路上，设置两处控制灯具的开关。其特点为两个开关可以控制同一个灯具。

059

传统中式风格房间为什么显得暗？

老年人卧室示例

 我们卧室的窗户朝南，为什么采光效果不好？

我分析是墙、地面颜色太重的原因。

 我喜欢传统中式风格的家具，

光线与房间的颜色有关系吗？

 有很大关系。

 　　很多老年人青睐传统中式装修风格，空间色彩搭配以稳重的枣红、深棕为主。空间中视觉效果偏暗的原因如下：

（1）大面积用红木类材料，颜色深。

（2）装饰材料的反射比较低，影响光线的发散。

（3）老年人对光线的感知降低。

老年人居室中的厨房、卫生间等空间，宜选择高反射比的装饰材料。想要获得舒适明亮的室内光环境，在选择表面材料时要注意：房间的天花板材料的反射比控制在0.6~0.9；墙面的反射比控制在0.3~0.8；地面的反射比控制在0.1~0.5；作业面的反射比控制在0.2~0.6。

天花板0.6~0.9

墙面0.3~0.8

作业面0.2~0.6

地面0.1~0.5

空间材料反射比示意

 小知识

　　反射比是指装饰材料表面反射出的光与接收到的光的比值。材料表面颜色越深，反射比越低。材料表面越光滑，反射比越高。

房间内表面反射比

老年住宅的应急照明有多重要？

参加消防演习的老人

 听说这次咱们单元的消防演习效果不佳。

对啊，浪多人都没有及时疏散到安全区域。

 楼梯间的疏散指示灯不够亮，我们只好跟着人群向外走，但前面的人走得浪慢。

要真发生火灾，这种情况是浪危险的。

 我感觉应急照明真的太重要了！

据统计，2020年在我国发生火灾的建筑中，住宅火灾的比例为77.5%，在伤亡人员中41.3%为老年人。由于老年人疏散速度略慢，应充分重视疏散通道的应急照明。能否以最短的时间离开火场，关系到人的生命安全。

建筑的应急照明分为疏散照明、安全照明、备用照明三种类型。应急照明应选用能快速点亮的光源。特别是老年住宅及场所疏散通道，地面平均照度不应低于10 lx。

消防应急照明光源的色温不应低于2700 K。灯具应急启动后，老年人照明设施在蓄电池电源供电时的持续工作时间不应少于1小时。

照明灯的部位或场所与其地面水平最低照度

设置部位或场所	地面水平最低照度
①病房楼或手术部的避难间； ②老年人照料设施； ③人员密集场所，老年人照料设施，病房楼或手术部内的楼梯间，前室或合用前室，避难走道； ④逃生辅助装置存放处等特殊区域； ⑤屋顶直升机停机坪	不应低于10 lx

不同种类的应急疏散灯具

消防应急标志灯具是指用图形、文字指示疏散方向，指示疏散出口、安全出口、楼层、避难层（间）、残疾人通道的灯具。

应急照明分类

如何布置老年人的卧室起夜照明？

起夜时不慎摔倒的老人

 你妈昨晚不小心跌倒了。

情况严重吗？在哪里跌倒的？

 不严重。她在卧室起夜时没开灯，被拖鞋绊倒啦。

那我就放心了。不如增加一些方便你们夜间使用的感应灯具吧！

 这个主意不错。

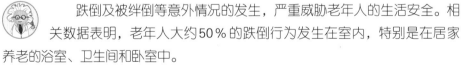 跌倒及被绊倒等意外情况的发生，严重威胁老年人的生活安全。相关数据表明，老年人大约50％的跌倒行为发生在室内，特别是在居家养老的浴室、卫生间和卧室中。

老年人卧室可设置夜间引导照明，并保持光线的连续性。可在卧室通向卫生间的墙面上，设置距地0.4 m高的感应式地脚灯，使地面照度不低于10 lx。也可利用墙面插座，安装具有感应功能的小夜灯，达到人来即亮、延迟关闭的效果。

为保持光线的连续性，可在床边及卫生间门口，安装具有自动感应功能的灯具。

在床头布置感应灯

在床边布置感应夜灯

感应式踢脚灯

卧室适合什么样的窗帘？

窗外的光线会影响睡眠

 窗外的灯光太亮了，影响你爸休息。

卧室没关窗帘吗？

 关了呀！但是仍有路灯的光线透进来。

临街的卧室很容易受到影响，不如换一下窗帘吧。

同意，我想要白天透光、夜晚不透光的窗帘。

 　　大家应重视"光生物效应"对人体的影响，由于老年人群的生理机能随着年龄增加而退化，睡眠的质量逐渐降低。如果在黄昏时或在前半夜，受到不合理的光照，极大程度会引发人体节律后移（时相延迟），会导致老年人入睡困难。

　　选择窗帘面料时，不能仅考虑美观性而忽略遮光率。老年人居住的卧室，适宜使用双层遮光窗帘：一层50％遮光率的纱帘，一层90％遮光率的布帘。二者搭配使用，可以起到白天遮阳、夜晚遮光的作用。在保护隐私的同时，减少夜间室外光污染对人造成的影响。

可以选择100％遮光率的窗帘吗？答案是肯定的，但最好搭配智能电动开关，确保在清晨太阳升起时，窗帘自动开启，否则褪黑素会持续分泌，不利于人体昼夜节律。

双层遮光窗帘示例

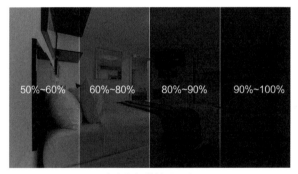

遮光率视觉效果示意

小知识

　　遮光率是指窗帘能够遮挡光线的概率，以百分比计算，遮光率越高，阻挡光线的效果越好。

如何布置老年人的阅读灯光？

在沙发上阅读的老者

 我晚上看不清报纸上的字。

我也感觉眼睛很累。

 你们在客厅看报纸的话，需要增加照度。

有一个落地灯，但效果不太好。

 咱家落地灯的光色发黄，也不够亮。

老年人阅读纸质书报时，光源的色温适宜选择4000~5000 K。由于老年人视力逐渐退化，视敏度也明显下降，在布置阅读光环境时，应重视亮度的均匀分布。如果看书的区域照度在700 lx以上，则周围3 m的区域不应低于500 lx。这样既可以减轻视觉疲劳，也可以减弱明暗对比产生的失能眩光。

老年人适合在亮度均匀的光环境下阅读。在白天光线充足的情况下，适合阅读小号文字（高0.88 cm）；在照度不低于700 lx的情况下，适合阅读中号文字（高1.23 cm）；在照度不足500 lx的情况下，只适合阅读大号文字（高2 cm）。

扶手椅旁摆放灯具

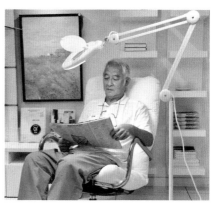

可调节角度的阅读灯

如何布置手工缝纫区的灯光？

夜晚使用缝纫机的老人

带放大镜的灯具

 帮我把缝纫机搬到阳台吧，白天我得在那儿干针线活。

阳台的气温低容易着凉。您怎么不在卧室里用缝纫机了？

 屋子里光线太暗了，打开灯也看不清。

使用缝纫机时一定要注意，别伤到手指！

 我来想办法，重新布置一下缝纫区的灯光。

这里我要提到一个精度与视觉关系的问题。人眼观察的事物越精细，需要的光能就越强。例如手工制作区所需照度要比餐桌的照度高5倍，比书桌的照度高2倍以上。

缝纫区域的照明，关系到操作者的安全。《室内工作场所的照明》GB/T 26189—2010中要求，操作台的照度宜维持在750 lx以上。光源色温不宜低于4000 K，显色指数R_a不宜低于90。老年人进行织补作业时，可增加"定向照明"

灯具，提高照度值至1500 lx以上。

 小知识

　　定向照明指利用灯具提高视觉可见度，对精密作业尤其重要。作为定向照明的缝纫作业灯具，其蓝光危害等级应在RG0豁免级。

缝纫手工作业照明要求

室内作业或活动类型	照度（lx）	UGR	R_a	备注
缝纫、补编织、挑针脚	750	22	90	
织布	1500	19	90	色温至少为4000 K

老年棋牌室如何用光？

在老年棋牌室活动的人

光线均匀的棋牌室

 咱们一起去棋牌室吧！

 这会儿去有些晚了，背对着窗户的座位应该有人了。

 为什么要坐那个座位呢？

 因为面对着窗户时间长了容易眼花，光线太亮。

 还有这种情况？我真的是没想到！

 　　在靠窗的区域活动，对老年人的情绪有积极的作用。采光窗口与地面的面积比不宜小于1：6。但老年人如果盯着明亮的窗户，很容易产生"失能眩光"。所以在玩棋牌时，座位不宜正对着窗户。棋牌室可搭配使用遮阳纱帘。棋牌室内的墙体表面材料，适宜采用浅色系，有利于加强光线的反射及均匀度。

　　老年棋牌室中，棋牌桌的桌面照度不宜低于500 lx，照明均匀度应大于0.7。

在棋牌桌四周，宜采用间接照明，可在天花板及墙面四周设置暗藏灯带，有效提高牌面的照度。光源的显色指数R_a宜大于90，特殊显色指数R_9宜大于30。光源的色温宜使用4000~5000 K。

主要老年人用房的窗地面积比

房间名称	窗地面积比（Ac/Ad）
起居厅、餐厅、居室、休息室、文娱与健身用房、康复与医疗用房	≥1:6
公用卫生间、盥洗室	≥1:9

注：Ac为窗洞口面积，Ad为地面面积。

第十六章

教育空间用光

如何布置幼儿教室的电视位置？

电视不宜安装在窗间墙上

 我发现幼儿园的教室里还有电视呢！

对呀，我们每天都可以看一会儿。

 教室里电视不适合装在窗户旁边，容易因眩光导致视觉疲劳。

有什么改善方法吗？

 需要安装窗帘，或将电视装在与窗户垂直的墙壁上。

幼儿园教室中，电视适宜安装在垂直于窗户的墙壁的中心线上。电视无论是背对还是正对着窗户，都容易产生反射眩光。幼儿教室适宜安装50%~75%遮光率的窗帘。这样可以有效避免阳光直射。

在使用电视时，适宜关闭电视前0.5 m内的天花灯具，避免环境光过亮。为避免眩光影响幼儿的情绪，教室适宜使用防眩灯具，且统一眩光值（UGR）不宜大于16。

幼儿园及中小学教室防眩光要求

指标	基础值	推荐值
统一眩光值（*UGR*）	≤ 16	≤ 13

电视位置适宜与窗户垂直

 小知识

　　统一眩光值*UGR*，是国际照明委员会用于度量处于室内视觉环境中的照明装置引起人眼不舒适的主观反应的心理参量。

眩光值与人眼感受

幼儿园教室适合使用灯光控制系统吗？

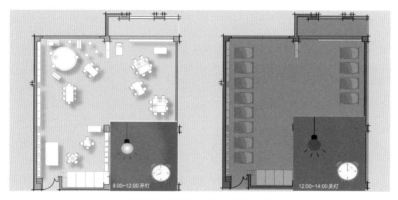

光环境随着教室的使用需求变化

 听说你今天在幼儿园没有睡午觉？

我想睡，但光线太亮了。

 要是窗帘能在午休时自动关闭就好了。

可以通过控制系统实现。

很多幼儿园教室的平面布置，会随着一天中不同的使用需求而变化。在午休时，降低光照，有利于幼儿稳定情绪，快速进入睡眠状态。幼儿园教室适宜使用智能灯光控制系统，可以提前预设教室中不同时间段的灯光场景，方便老师们一键调用。

幼儿园教室控制系统应包含以下功能：

（1）操作便利性。将多个灯具成组控制，一键开关。

（2）智能联动性。将教室的智能感光、遮阳系统联动起来。

（3）时钟自动性。利用控制系统，根据时间段对灯光进行管理。午休时间灯光及窗帘缓缓关闭，当午休结束时再缓缓开启。可利用光线帮助哄睡和唤醒幼儿。

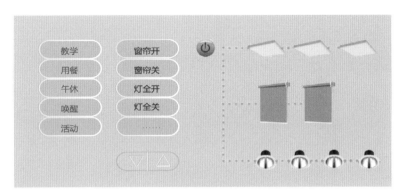

一键式调整灯光及遮阳装置

为什么要求教室的照度均匀？

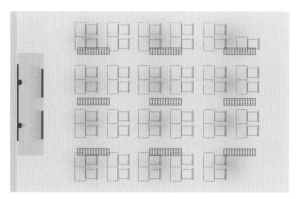

教室的灯光现状

 我喜欢坐在教室的中间位置！

为什么呢？

因为那儿的光线最舒适，挨着窗户感觉太亮，靠近门口又觉得不够亮。

我明白了，原来是教室的照度不均匀。

 　　教室的桌面照度不均匀，容易导致学生视疲劳。理想的教室桌面"照度均匀度"应达到0.7以上；黑板的照度均匀度应在0.8以上。导致光照不均匀的原因包括：照明灯盘的安装间距不合理，从窗户摄入过量阳光等。

　　教室的照度均匀度越高，空间感受越好，越有助于学生们集中注意力。具体见《建筑照明设计标准》GB 50034—2013中对各类教室的照度均匀度要求。

照度均匀度0.7以上的教室

照度均匀度指规定表面上的最小照度与平均照度之比，符号是 U_0。均匀度数值越接近1，光线分布越均匀。

照度均匀度值＝最小照度值 ÷ 平均照度值

教育建筑照明标准值

教室适合什么照明方式？

使用直接照明的教室

 我发现教室中普遍使用灯盘。

那是为了提高照度均匀度。

 为什么有的灯盘是向下发光，有的灯盘是上下发光。

那是因为选用的照明方式不同。

 请您详细解答一下吧！

采用向下发光的灯盘，属于直接照明方式；上下双面发光的灯盘，属于直接、间接相结合的照明方式，能有效提高教室照度均匀度。光线通过天花的间接反射，会变得柔和均匀，视觉舒适度较好。

当中小学教室的层高在 3 m 以下，顶面布置整洁时，适宜使用直接、间接相结合的照明方式。灯盘距离天花板的高度控制在 200~300 mm；当教室的层高大于 3 m，适宜使用直接照明方式。

中小学教室照明设计，除了之前我们提过的照度均匀度外，还应对照明方式、光源色温、灯具使用寿命、统一眩光值、用电总功率、频闪等参数进行把控。

使用混合照明的教室

如何减少黑板上的反射眩光？

教室黑板上的反射眩光

 爸爸，为什么有时黑板会反光？

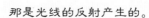 那是光线的反射产生的。

 特别是下午的时候，靠窗那侧反光严重。

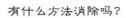 有什么方法消除吗？

 可关闭窗帘或关闭靠窗的黑板灯。

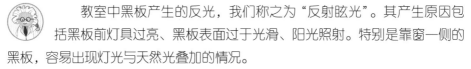 教室中黑板产生的反光，我们称之为"反射眩光"。其产生原因包括黑板前灯具过亮、黑板表面过于光滑、阳光照射。特别是靠窗一侧的黑板，容易出现灯光与天然光叠加的情况。

想要减少黑板眩光，可利用遮阳装置阻挡阳光射入；也可给每个黑板灯设置独立开关。在阳光射入充足时，关闭靠窗一侧的黑板灯。同时，黑板表面反射比不宜大于0.2。

灯具与黑板的安装距离不宜太近，建议大于300 mm。考虑到老师的视觉舒适度，可尽量提高黑板灯的安装高度，选用带防眩光格栅的偏配光灯具。

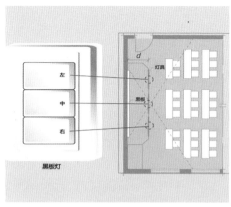

分回路单独控制灯具

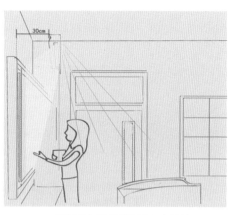

黑板灯与黑板的距离不宜过近

使用遮阳帘的教室黑板无眩光

071

视频多媒体教室如何用光？

暗环境下的多媒体屏幕

亮环境下的多媒体屏幕

 今天我去多媒体教室上视频课了。

感觉怎么样？

 开灯时屏幕不够亮，我们把灯关闭后，就有看电影的感觉了。

为什么不把屏幕调亮一些呢？

 多媒体教室的屏幕亮度要跟空间光环境相搭配。

由于多媒体教室的教学方式从读写变成视频观看，所以空间照度水平要比普通教室低一些。屏幕过亮，很容易导致人眼视觉疲劳。人眼从"明视觉"进入"暗视觉"需要一定的时间，从明亮的空间进入到一间暗室，直至眼睛完全习惯暗室内的光线，一般需要15分钟以上。明暗转变过程太快则会使人出现强烈的视觉不舒适。人眼的明适应比暗适应快得多，通常在1分钟左右。

多媒体教室适宜使用灯光控制系统，在课程开始前，利用控制系统的灯光延迟功能，将灯光设置在5秒的时间内逐渐由明至暗，这有助于眼睛较为舒适地进入暗视觉。

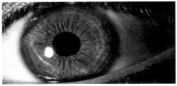

瞳孔大小随光环境变化

小学多媒体教学产品，通常分为投影设备、多媒体屏幕两大类。在使用投影设备时，建议重视教室的照度均匀性，不适宜关闭所有照明灯具，可保留出入口及教室后排的灯具。在使用多媒体屏幕时，距离多媒体屏幕1 m以内的灯具可设置独立控制开关。在暗环境情况下，多媒体屏幕的亮度不宜大于400 cd/m^2。

教学多媒体产品显示
技术要求

    "明暗适应"是一种视觉现象，它的形成与眼睛的构造有关。适应的过程是眼睛瞳孔的变化过程。"暗适应"是指从明处突然进入暗处，刚开始眼睛会看不清，经过一段时间的适应，视力恢复，能逐渐辨认周围情况。"明适应"是指从暗处突然进入明处，起初感到光线刺眼，看不清东西，稍等片刻即能看清。当人体缺少维生素A时，暗适应的时间会延长。

072

中小学教室适合使用灯光控制系统吗?

授课教学灯光模式

 教室里的多媒体屏幕不够亮,还总是反射窗户的倒影!怎么办?

我建议使用时关闭黑板灯和窗帘。

 关窗帘浪费时费力!还有别的方法吗?

可以利用集中控制系统解决。

常见的多媒体屏幕比黑板的表面反射率要高,这很容易导致反射采光窗的"倒影",影响视看效果。利用灯光控制系统,可以对教室中所有灯具、窗帘进行集中控制,提前预设场景模式,一键切换场景。

有多媒体屏幕的教室,适宜采用直接、间接照明相结合的方式,安装上下出光的照明灯具。在开启多媒体屏幕时,自动关闭窗帘,室内照明灯盘采用上出光方式。这样就可以保证学习桌面的照度均匀度,避免眩光。在关闭多媒体屏幕时,自动开启窗帘,方便师生活动。

多媒体模式下灯光环境变化

美术教室用光有哪些特点？

光源位于顶部

光源位于一侧

 我们今天去美术教室上课啦！

有什么收获吗？

 我发现光源位置不同，石膏像给人的感觉也不一样。

那是光影产生的明暗变化。

 但打开教室里其他灯具后，对比就没那么生动了。

 　　美术教室中，对工作面照度与光源显色指数的要求较高。同时，亮度的提高有助于提高人眼视敏度。在桌子上绘画时，桌面照度不宜低于500 lx；在立式画架前绘画时，画板照度不宜低于200 lx。光源的显色指数R_a宜高于90。

　　针对用光方式与视力健康，建议如下：

　　（1）光源不能裸露在投光灯罩之外，避免眩光。

（2）禁止使用白炽灯泡。

有南向采光窗的教室，受到阳光的影响，光影变化迅速，不适合用作美术教室。北向采光窗光影变化较为稳定。天然光能够很好地体现物体色彩，既节能又环保。

小知识

照度比是指被照射物体的照度与周围环境的照度之比。照度比值越大，光线明暗反差越大，静物的形象越立体。

2:1	5:1	15:1	30:1
微弱对比	显著对比	生动对比	戏剧对比

重点照明与环境照明

美术教室与普通教室的
光环境比较

如何减少舞蹈教室的眩光？

舞蹈教室现状示意

妈妈，我们舞蹈教室的灯光太亮啦！

明亮的光线不是挺好吗？

我做舞蹈动作时感觉很刺眼。

当你仰着头时，肯定会看到光源的，这很正常。

我看是灯具没选好，有眩光。

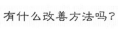
有什么改善方法吗？

　　舞蹈教室的照明方式具有特殊性，室内地面的维持平均照度应不小于300 lx，照度均匀度应大于0.6。充足的垂直照度，利于舞者辨识面部表情和肢体动作。当使用者平均年龄小于25岁时，舞蹈教室镜面的垂直照度要求在250 lx以上。

为增加舞蹈镜面的垂直照度和均匀度，常规方法是增大天花板灯具的功率，但同时也会带来灯具表面亮度过高，形成眩光的问题。

采用直接照明的舞蹈教室，建议使用深藏防眩、遮光角大于45°、*UGR*小于16的发光灯盘；也可采用亮度均匀的软膜光幕，这样可避免做仰头舞蹈姿势时眼睛受到眩光的刺激。

舞蹈教室的采光方式应尽量以天然光为主，灯光为辅。舞蹈镜适宜安装在与采光窗垂直的墙上。若将镜面安装在采光窗对面的墙上，则需搭配窗帘，避免形成反射眩光。

遮光角大于45°的直接照明灯盘

使用软膜光幕的舞蹈教室

075

阶梯教室用光有哪些特点？

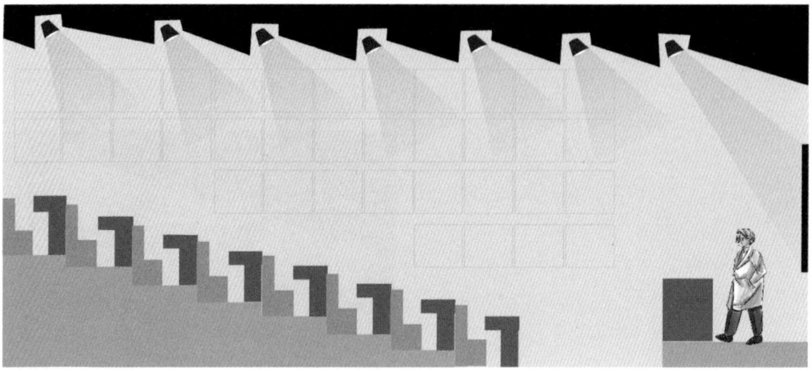

阶梯教室的灯光布置方式

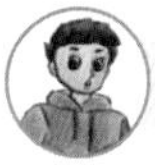

我喜欢坐在阶梯教室的前排听课。

为什么喜欢坐在前排呢？

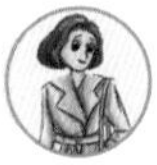

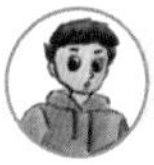

如果坐在后排的话，眼睛比较容易疲劳。

那是因为阶梯教室的后排座位很容易出现眩光。

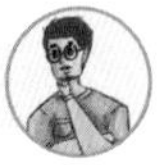

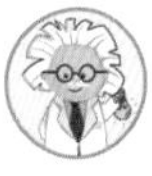

阶梯教室是一种地面呈现阶梯状上升的教室，桌面到天花板的距离逐渐缩短。如果天花板灯具的功率不变，那么后排桌面照度会高于前排。照度过高容易导致桌面反射眩光，诱发视疲劳。

采用直接照明方式的阶梯教室，后排座位看到眩光的风险比前排要大。想要解决这个问题，在设计顶部天花板时，增加凹槽或遮光板可有效减少灯具眩光；采用双层黑板的阶梯教室，黑板灯与黑板的距离不宜太近，确保灯光上下均匀照亮黑板；有灯光控制系统的教室，可降低后排灯具的亮度，实现前后桌面的照度一致性。

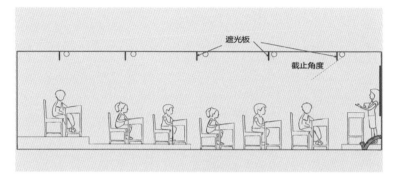

天花灯具可以设置独立遮光板

教室外的走廊为什么不宜过暗？

教学走廊的现状示意

 我今天去女儿的学校参观了。

爸爸，那你看到我的画了吗？就贴在走廊的展示墙上。

 由于教学楼的走廊比较昏暗，我没注意看呀。

看起来需要改善一下！

 是啊，我们去请教光博士吧！

　　教学楼的走廊或通道，是师生们下课后使用频率较高的空间。走廊作为一个空间过渡区，兼具着通行与视觉明暗适应的作用。白天，建议走廊的地面照度保持在200 lx以上，或与相邻的教室一致；夜晚，考虑到师生们的视觉暗适应，可利用走廊照明作为过渡空间，其他面照度不宜低于教室的1/3，这样可避免因瞳孔的快速收缩带来的不舒适感。

　　宽度小于3 m的走廊，不适合使用深藏防眩的筒灯，而适合使用发光灯盘，这样可以提高墙面的照度均匀度，满足展示功能。有储物柜的走廊，比仅供通行使用的走廊需要更高的垂直照明要求。

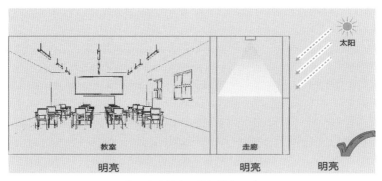

白天走廊的光环境与教室一致

第七章

办公空间
用光

无窗的办公区如何用光？

无窗办公室的现状示意

 我想换个工作地点。

 为什么呀？

 我不喜欢没有窗户的办公环境。

 那可以去问问光博士，有没有好的改造方法。

适当的日光接触有助于办公人员提高工作效率，保持平稳的心理情绪。在没有采光窗的办公区，人们通常会在天花板安装照明灯盘，以满足办公环境的视觉要求。这种方式虽然可以解决办公照明需求，但长时间在无窗的房间工作，人体缺少与外界的联系，容易引发心情低落，昼夜节律紊乱的现象。

在屋顶适当位置安装阳光导管及光纤装置，可将建筑外面的自然光引入室内，但需要满足一定的安装条件及传输距离，导入的天然光线会随着天空明暗变化而实时变化。无窗办公区适宜安装光线稳定、光谱尽量接近天然光的人造光源。改造时可考虑造型像窗户一样的天然光模拟器，它会模拟阳光洒在空间中的效果。

阳光导管示意图　　　　　　　无窗会议室中的天然光模拟器

办公区适合选用什么样的遮阳帘？

办公室现状示意

我办公室的遮阳帘一点都不遮阳。

那刚好可以看看窗外的风景。

总感觉这遮阳帘面料选得不对。

之前光博士提到过要重视遮阳帘的透光率。

对啊，我要去请教光博士，有没有既能遮光又能透景的遮阳面料！

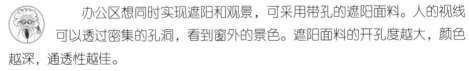　　办公区想同时实现遮阳和观景，可采用带孔的遮阳面料。人的视线可以透过密集的孔洞，看到窗外的景色。遮阳面料的开孔度越大，颜色越深，通透性越佳。

　　遮阳帘通常分为卷曲式、折叠式、百叶式、开合式等形式。办公区的采光窗，适宜选用百叶式或卷曲式遮阳帘，透光率为30％~50％，这与住宅中常用的开合式遮阳帘有很大的区别。办公区可采用智能控制系统，预设不同的场景模

式，达到遮光、透景、控光、防窥视、防尘、隔热保暖等效果。

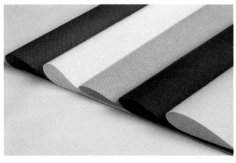
面料颜色与遮光率有关系

同样面料时深色透光率高

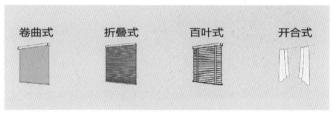
不同形式的遮阳帘

小知识

可视透光率（TV）是指造成眩光的可见光，透过帘布的百分比。数值越低表明防眩光的效果越好。例如：TV=14%表示眩光减少了86%。遮阳面料的透光率、吸光率、反光率的数值，与其表面颜色及开孔率有极大关系。

遮阳面料的系数解析

什么情况下办公桌需要增加台灯？

办公室现状示意

 同事的办公室照度不足。想请你帮忙改善一下。

他在什么情况下有这样的感受呢？

 他没有详细说呀，我问问去。

那他多大年纪？办公桌的光环境改造需要因时、因需、因人的情况来进行设计。

 还需要考虑这么多细节呀！

　　办公室照度不足，建议先分析使用者的需求。有阅读功能需求的办公桌旁可增加落地灯补充垂直照度；有书写功能需求的办公桌，适宜增加台灯补充桌面照度；有电子显示器操作需求的办公桌，适宜增加双面发光的吊灯补充环境光。有洽谈功能需求的办公桌上增加台灯，既可补充桌面照度，也有利于交谈者观察对方的面部表情。为防止眩光，台灯的表面亮度不宜过亮，即光源亮度不应大于2000 cd/m²。

　　当使用者的年龄在50岁以下时，桌面照度可按照《建筑照明设计标准》GB 50034—2013中的相关条款进行设置；当使用者年龄在50岁以上时，可增加其办公桌面照度至2倍以上。

使用一体式台灯的办公桌

使用吊灯的办公桌

走廊的灯光要保持连续性吗？

灯光不连续的走廊　　　　　　　　　　灯光连续的走廊

 每次晚上加班时，我都害怕穿过走廊。

走廊有什么好怕的？

 因为我怕黑。

那是为了节能考虑，所有灯都开着会造成能源浪费。

 要是有一种既可以节能，又能保持灯光连续性的办法就好了！

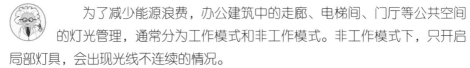 为了减少能源浪费，办公建筑中的走廊、电梯间、门厅等公共空间的灯光管理，通常分为工作模式和非工作模式。非工作模式下，只开启局部灯具，会出现光线不连续的情况。

灯光可以减少人们对黑暗的恐惧感。特别是当人在穿过冗长的通道和走廊时，有必要保持灯光的连续性。建议在走廊安装"占用-空置"传感器，在感应到有人经过时，传感器可遵循活动轨迹，自动开启灯光。

安装智能控制系统的办公建筑，可利用"时钟控制"功能。在深夜时不关闭局部灯具，而是降低灯光亮度，减少用电总功率，这样就可以实现走廊灯光的连续与环保。

小知识

时钟控制：是一种定时控制方式，可根据需要人为设定照明规则，定时开启或关闭灯具回路。采用集中、智能控制系统的建筑，可实现时钟控制功能。

智能控制系统有哪些功能？

冬至日上午11点的遮阳帘及灯光　　　　夏至日上午11点的遮阳帘及灯光

 办公建筑需要安装智能控制系统吗？

这个根据使用者的需求来决定。

 它有多智能？都能实现什么功能？

它能自动控制遮阳帘和预设灯光场景。

 　　智能控制系统可以实现对灯光和遮阳装置提前预设的自动化管理，其功能概括如下：

（1）"时钟和时间表"功能。智能控制系统内置的天文时钟可根据一天中的不同时段设定实时时间表，同时控制连接到灯具和电动窗帘的系统。如夏季时遮阳帘自动升起，光源自动变暗；冬季时遮阳帘自动下降，光源自动变亮。

（2）"占空响应"功能。具有人来灯亮，人走灯灭的节能效果。

（3）"日光采集"功能。通过窗户周围安装的日光传感器，搜集数据后，自动调节遮阳帘的高度或角度，避免阳光直射。

（4）"照明亮度调节"功能。可根据需要提前预设，自动调节照度。

（5）"场景预设控制"功能。通过预设照明场景，一键切换场景。

（6）"节能数据统计和故障预警"功能。通过软件，记录和分析用电量，并对产生故障的灯具进行预警提醒。

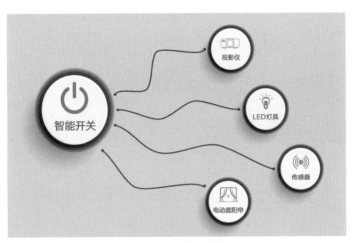

一键开启预设场景功能

智能控制系统是一种基于中央处理器的集中式系统，它可以协助用户进行调光、开关、自动遮阳帘控制、系统集成和能源管理，能够同时管理多个空间的人工光源和天然光。

如何减少会议桌面上的反光？

存在反射眩光的会议桌

 公司会议桌上有很多反射的光点。

那是反射眩光。

 为什么会出现这种眩光呢？怎么改善？

我的方法是铺一块桌布，或者更换间接照明灯具。

会议桌表面材质的反射比大于0.5时，容易出现反射眩光。当天花板灯具与会议桌面的距离小于2 m时，不建议使用点光源筒灯及射灯照明。因为在同样功率下，灯具表面的发光面积越小，光源亮度越高，越容易在桌面形成刺眼的光点。

使用灯盘或软膜光幕可有效地降低会议桌上的眩光。会议室的统一眩光指数UGR宜控制在19以下。当选用LED面光源时，灯具的表面平均亮度不应大于16000 cd/m²。

当很难进行灯光改造时，可铺在会议桌上使用。

使用面光源的会议室

如何确定开放走廊的照度？

开放式办公区与走廊

请问光博士，开放办公空间的走廊，其照度如何设定？

那就需要先了解办公区的桌面和地面照度情况。

我还以为不低于行业标准的要求就行呢，请您详细解释一下吧！

我国的相关行业标准是要遵循的，但也要根据实际情况设
定，避免以偏概全。

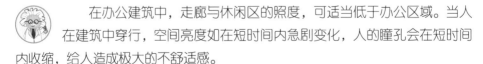

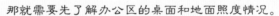在办公建筑中，走廊与休闲区的照度，可适当低于办公区域。当人
在建筑中穿行，空间亮度如在短时间内急剧变化，人的瞳孔会在短时间
内收缩，给人造成极大的不舒适感。

为避免开放式办公区与走廊的明暗对比过大，房间内的通道和其他辅助区域
的照度，不宜低于办公区照度值的1/3。

例如，办公桌面的照度为500 lx，则办公桌邻近周围0.5 m以外的走廊，其

0.75 m高的水平照度宜保持在300 lx，地面照度保持在150 lx。当开放式办公区照度增加时，建议等比例提高走廊的照度。

作业面邻近周围照度

作业面照度（lx）	作业面邻近周围照度（lx）
≥ 750	500
500	300
300	200
≤ 200	与作业面照度相同

注：作业面邻近周围指作业面外宽度不小于0.5 m的区域。

卫生间如何实现自动开闭灯光？

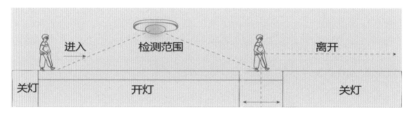

安装占空传感器的卫生间

我昨晚加班时，忘记关卫生间的灯了！

那会浪费不少电呢！

要是卫生间能自动开闭灯就好了。

使用占空传感器就可以实现。

这种传感器灵敏度好吗？

　　办公建筑中的走廊、卫生间、楼梯间等场所，灯光适宜采用自动控制的方式，其优点包括绿色节能，有利于人性化管理。

　　想要实现卫生间灯光自动开闭，可安装占空传感器。其灵敏度与传感技术、覆盖范围、安装位置有关。常见传感技术有被动红外、超声波和微波技术。为确保灵敏度，传感器安装位置尽可能靠近房门所在的墙壁，避开天花板上的通气口和风扇。传感器参数建议如下：

　　（1）红外传感器的工作波长宜为7.5~14 μm；感应距离（垂直）宜大于2.5 m；响应时间不宜大于0.5毫秒（ms）。

　　（2）超声波传播器频率不宜小于22千赫兹（kHz）。

（3）微波传感器频率宜为5.8吉赫兹（GHz），其在小空间使用时宜为24 GHz。

被动红外覆盖图形

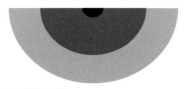

超声波覆盖图形

传感器外观及覆盖图形

占用与空置传感器功能对比

占用与空置传感器		空置传感器	
自动打开	自动关闭	手动打开	自动关闭

 小知识

　　占空传感器是具有"占用"和"空置"两种功能的传感器。"占用"功能可实现人来灯光自动开启目标；"空置"功能可实现无人后灯光自动关闭目标。

第八章

灯具应用技巧

如何看懂灯泡上的标签？

带参数的光源

 餐厅的灯光颜色有些偏冷，请帮忙更换一下吧！

现在灯泡的功率和灯头直径是多少？

 这个我还真的不清楚，怎么办？

没关系，我看到灯泡上面印着参数呢！LED、6500 K、
E27、5 W、40 mA、450 lm、220 V~/50 Hz。

 这些都代表什么意思？

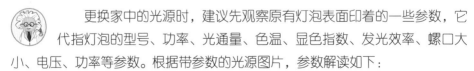　　更换家中的光源时，建议先观察原有灯泡表面印着的一些参数，它
代指灯泡的型号、功率、光通量、色温、显色指数、发光效率、螺口大
小、电压、功率等参数。根据带参数的光源图片，参数解读如下：

　　（1）LED代指光源类型。常见类型有荧光灯（Y）、发光二极管（LED）等。

　　（2）6500 K代指色温。常见数值有2700 K/3000 K/4000 K/5000 K/6500 K，

数值越高光色感觉越冷，数值越低光色感觉越暖。

（3）E27代指灯头直径，E代表螺口状灯头，E27表示灯头直径27 mm，E14表示灯头直径14 mm。

（4）5瓦（W）代指功率，值越高能耗越高。

（5）40毫安（mA）代指电流。当电源提供的电流大于灯泡上所标的电流时，灯泡会正常发光。

（6）450流明（lm）代指光通量，值越高越亮。

（7）220 V~/50 Hz代指额定电压及最低频率。

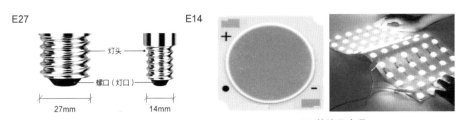

常见灯泡螺口尺寸

LED芯片及产品

 小知识

　　LED是发光二极管的简称，是Light Emitting Diode的缩写，是由电致固体发光的一种半导体器件。使用LED芯片作为光源的灯具，简称为LED灯具。

086

如何辨别灯具的蓝光安全性？

使用学习机和台灯的儿童

咱们现在用的台灯，蓝光不超标吧？

怎么突然关心起这个来？

最近孩子总上网课，我特别担心学习机的屏幕和
台灯的蓝光含量会叠加。

我选的是有CQC认证的RG0级别的台灯，比较安全。

　　电子产品和人造光源中的蓝光对人眼是
否产生危害，取决于人眼接触的波段、强度和
时间等多个因素。为便于区分，将LED光源的蓝光危
险分为四个组别。

　　在我国，可以通过灯具产品是否获得中国质量认
证中心（CQC）的认证进行判断依据。获得CQC认证

认证标识

的灯具产品，蓝光含量相对安全。

在学习和教育空间中，尽量选择蓝光危害类别为 RG0 的 LED 灯具产品。在其他公共空间中，建议选用蓝光危害类别不大于 RG1 的灯具产品。

蓝光危险组别名称

用手机能够准确判断灯具的频闪吗？

从手机摄像头看灯光

 快看咱们家客厅的灯光有频闪。

怎么发现的？

 用手机的相机对着灯光拍摄，就能看到明显的频闪。

这种测量方法不太科学。需要用专业仪器测量灯具的
频闪百分比，才能判断是否达标。

 什么是频闪百分比？

一起去请教光博士吧！

用手机摄像判断灯具的频闪是不准确的，也不够科学。由于手机的
相机比人眼更容易察觉电流的波动，当手机屏幕的刷新率大于灯具的电
源频率时，就能看到频闪现象。

不建议大家仅通过手机摄像来判断灯具的优劣，建议用专业仪器测量灯具的

频闪（波动深度）百分比。当频闪百分比低于6％时，人体是相对安全的。

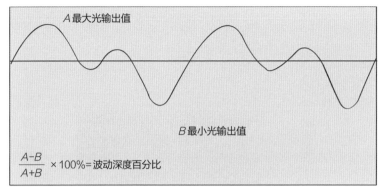

频闪（波动深度）百分比示意

国际机构IEEE在相关文件中，对灯具的波动深度百分比给出定义。同时将"光输出波形频率"——"f"作为判断依据。当$f > 1250$赫兹（Hz）时，对人的不利影响相对较低；当$f > 3125$ Hz时，对人的不利影响可以忽略不计。

如何安全使用紫外线消毒灯？

使用紫外线消毒灯的教室

 为什么要谨慎使用紫外线消毒灯？

因为被这种灯照射后，皮肤和眼睛极易感觉不适。

 那负责给房间开关灯的人风险很大呀！

为避免被照射到，这类灯具的开关适合安装在房间外，

而不是房间内部。

目前市场上常见的紫外线消毒灯，大多是利用汞灯发出的短波紫外线来消毒的。人眼和皮肤暴露在这种紫外线下3分钟以上，就有超过世界卫生组织制定的安全辐射标准的风险；如超过15分钟，就有导致电光性眼炎发生的可能；长期照射有可能导致皮肤癌。

在公共场所安装紫外线消毒灯，建议设置独立的开关。开关适宜设置在房间门外，并粘贴警告标语。使用紫外线消毒灯，要严格遵守使用时间，避免错误操

作。在家庭中使用紫外线消毒灯，宜重视以下内容：

（1）使用过程中，不能用眼睛直视紫外线消毒灯发亮的灯管。

（2）使用空间应确保无人和无动植物。

（3）使用时应关紧门窗，会使杀菌效果更佳。

（4）消毒结束后，应开窗通风20~30分钟，再进入房间。

（5）紫外线长时间照射会使一些物体表面老化、褪色。

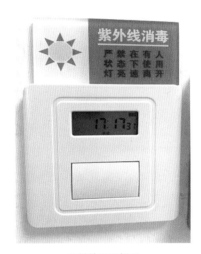

开关处设置提醒

相同色温的灯具，为什么光色不一致？

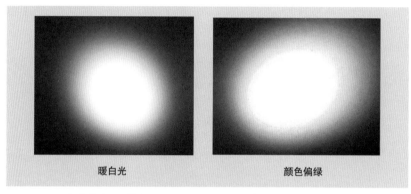

暖白光	颜色偏绿
色容差小于5的光源	色容差大于7的光源

  这盏新的筒灯，感觉跟之前的光色不同。

它的出厂色温也是3000 K呀。

  难道是生产批次不一致的原因？

我知道了，这是由于光源的色容差不一致导致的。

经过仪器测量，两盏LED灯具的色温相差不大，都接近于3000 K，但后者的色容差明显超过7 SDCM。当灯具的色容差值越大，人眼所见的光色偏差就越大。

我们可以仔细观察"奥朗克相对色温轨迹图"，可以看到一条"黑体色温曲线"。当色坐标点越接近这条曲线，光色效果越佳。当色坐标点落在黑体色温曲线的下方时，光色易偏红；当色坐标点落在黑体色温曲线的上方时，光色易偏绿。

为避免灯具的光色不一致，建议灯具色容差值不大于 5 SDCM。在室内空间中，适宜安装同一品牌、同一生产批次的灯具。

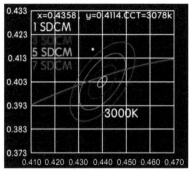

光源的色容差侧视图

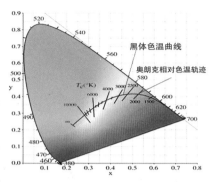

奥朗克相对色温轨迹图

 小知识

　　色容差是表征一批光源中各光源与光源额定色品的偏离，用颜色匹配标准偏差表示，色容差单位：SDCM。

光源的色容差值要求

如何选择灯具的光束角？

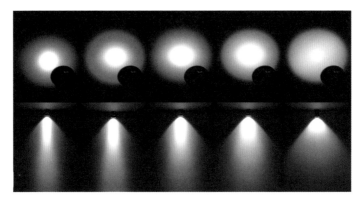

灯具光束角

 我发现外观一样的灯具，光束角有可能不同。

没错，你是怎么发现的？

 我发现走廊里安装的筒灯，光束角越大，墙壁越明亮！

灯具的光束角不仅会影响照度，还跟艺术效果相关。

 　　光束角的大小对照明效果影响很大，通常筒灯的光束角可大致分为"窄、中、宽"三种配光类型。灯具的光束角越大，其照射范围越大，光线越均匀。光束角的选择与照明效果紧密相关。通常情况下，基础环境照明可选择中、宽光束角，重点集中照明可选择窄光束角。

　　办公建筑的走廊，适宜选用中、宽光束角灯具，达到照度均匀的效果；酒店的走廊，适宜选用窄光束角灯具，

直接型灯具的光束角
分类

形成的地面光斑有引导作用。

　　生活中可以利用光束角的叠加，营造一种有趣的光环境艺术效果。

采用宽光束角的走廊

采用窄光束角的走廊

什么情况下要使用深藏防眩的筒灯？

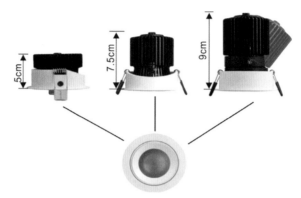

外观相同高度不同的灯具

 咱家客厅为什么不装深藏防眩的筒灯？

 那是因为吊顶预留的高度只有5 cm，装不进去。

 那现在安装的筒灯，能起到防眩光的作用吗？

 也是防眩的，统一眩光值UGR 小于19。

 没装上感觉有些遗憾。

 不是所有空间都适合深藏防眩的灯具，这需要根据实际情况进行判断！

 　　深藏防眩的筒灯可以有效地避免眩光，这类灯具的设计结构是将光源深藏在灯具内部以达到较大的遮光角，遮光角越大，防眩效果越好。
　　由于遮光角的增大，灯具的光束角宽度受限，照出来的光斑范围与普通防眩的筒灯相比，光照范围偏小，这样会进一步导致使用筒灯的数量增加。

想要使用深藏防眩的筒灯，设计初期适宜提前预留安装空间。当光源的亮度大于500 kcd/m²时，建议使用遮光角大于30°的筒灯。这类筒灯的高度通常在7 cm以上。

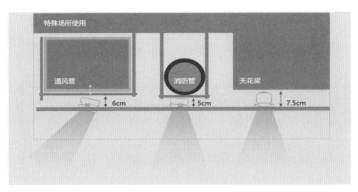

选灯时应提前预留安装高度

所有灯具都能匹配智能控制系统吗？

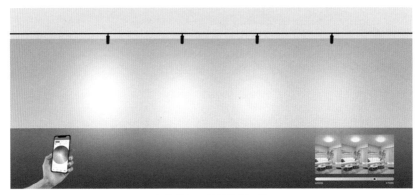

支持单灯调节的控制系统

 没安装智能控制系统的灯具，以后还可以增加此功能吗？

 筒射灯可以加上，但灯具的驱动电源也要一起更换。
轨道灯一旦安装，后期就很难增加智控功能了。

 更换驱动会很麻烦，为什么不能用原有的？

 因为驱动与控制系统之间需要有通信协议，才能匹配上。

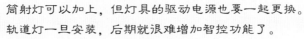 不是任何灯具都能与智能控制相匹配的。搭配时要考虑二者之间的通信协议。智能控制系统就像是大脑一样发出控制命令，灯具就像是手足一样执行命令。通信协议就像是它们之间的神经系统，用来传导信息。如果灯具驱动的协议与智能控制系统不匹配，灯具就不能接受控制。

通信协议是指双方实体完成通信或服务所必须遵循的规则和约定。智能控制系统常见的通信协议可分为有线通信协议和无线通信协议。

轨道灯是安装在铝制轨道上的，分为两线、四线等类型。想要从翘板开关改为智能控制系统，达到单灯单控的效果，就要更换为四线轨道，并搭配具有可调光模块的控制器。

智能控制系统常见通信协议

有线通信协议	无线通信协议
BACnet、Modbus、DALI、DMX	ZigBee、Wi-Fi、Bluetooth

翘板开关实现分控轨道灯的方式

093

磁吸轨道灯有什么特点？

安装磁吸轨道灯的餐厅

 今天的参观有什么收获吗？

我观察到样板间使用的是磁吸轨道照明系统。

 这种照明系统是什么原理呐？

磁吸轨道系统是利用磁性原理，将轨道和灯具组合起来的照明系统。

 　　磁吸轨道系统具有"插拔式安装"的特点，相比较传统的"卡扣式安装"更为方便。

　　磁吸轨道灯系统由灯具、轨道、电源接头、连接件等构件组成。轨道内部装有导电金属条，灯具接头处也装有金属条。通过磁吸技术，将两个金属吸附后，灯就会发光。

　　嵌入式磁吸轨道需要将轨道提前预埋到天花板中，才能达到隐藏驱动的效果。由于磁吸轨道的吸附力约为灯体自重的5倍，灯具宜设置保险弹扣，确保不出现消磁后灯具掉落的状况。

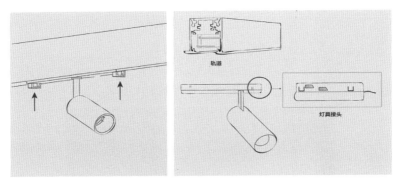

灯具转换头及防掉落安全扣

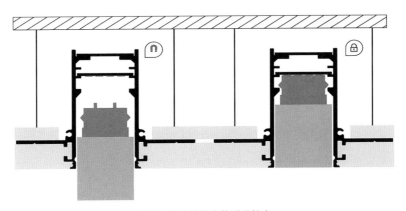

轨道与灯具转换头的磁吸效应

094

如何为LED灯带匹配电源驱动？

一半儿亮一半儿暗的光幕天花板

 会议室的光幕天花板，不知为何亮度不均匀。

请问光幕中的LED灯带搭配了几个驱动电源？

 两块光幕共用了一个驱动电源。

我分析是由于灯带的功率超过驱动电源的功率导致的超载。

 请您给详细解释一下吧！

 当LED灯带的维持功率超过驱动电源的额定功率时，灯带通电后虽然也会发光，但会出现末端亮度不均匀的情况，这就是超载。

导致亮度不均匀的方式有以下几种：

（1）灯带功率超载。

（2）驱动电源出线回路太长，导致压降较大。

（3）驱动电源出线回路导线规格小，导致压降较大。

LED灯带的功率可按照每米进行统计，芯片的面积
与密度越大，用电功率越高。驱动电源分为恒压、恒流两
大类，二者有很大不同。一个功率为300 W的恒流电源，
可匹配约30 m的LED灯带（10 W/m）。如使用同功率的
恒压电源，则可匹配其额定功率70％的灯带。匹配超过
70％时，则容易超载。由于恒压电源受电流影响小，可
有效避免频闪现象。

常见驱动电源分类

带有LED芯片的灯带

　　驱动电源是指将供电电源转换为特定的电压、电流以驱动光源发光，
可整体拆卸的电源。

095

驱动电源的寿命与散热有关吗？

装有软膜光幕的健身房

 多个软膜光幕的驱动电源适合放在一起吗？

为什么要放在一起呢？

 我考虑到维修方便。

不太合适，建议考虑一下散热条件。

 请您详细解释一下吧！

驱动电源的工作环境温度，对其寿命影响很大。当环境温度在40℃以下时，电源可以保持良好的工作状态。当环境温度高于60℃时，电源易受损耗。

由于软膜光幕的内部空间小，开散热孔后易进入灰尘，所以驱动电源宜预留在灯箱外部，并分隔放置。使用

驱动电源的正常工作与
储存环境分类

恒压式电源时，与软膜光幕的距离保持在15 m以内，避免LED光源压降过大。

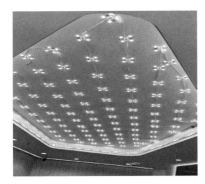

软膜光幕内安装不同类型的光源

光源的使用寿命是到用坏为止吗？

光源的寿命示意

 使用两年的LED灯具，为什么不如刚装上时亮？

因为光源产生了光衰。

 刚开始不明显，但逐渐就发现亮度不足。

光衰大于30％时，光通量就会不足，需要更换！

 可是它没坏呀，还能发光呢！

 灯具的使用寿命不是到用坏为止。

　　　LED灯具在使用一段时间后，不如刚安装时那么亮了，这种现象就是光衰，衰变速度越快，灯具寿命越短。灯具的寿命与光源及驱动电源的质量有关。LED光源和LED灯具的寿命不应小于25000小时。

　　在选择灯具时，可通过光通量维持率，来判别灯具的质量优劣。LED光源和

LED灯具工作3000小时后的光通量维持率不应小于96％；6000小时的光通量维持率不小于92％。自镇流荧光灯在燃点2000小时之后，其光通量维持率不应低于85％。

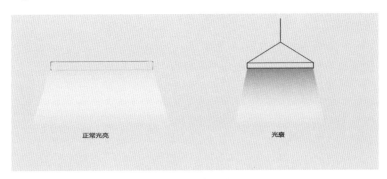

光源的光衰示意

 小知识

　　灯具的寿命是指在标准测试条件下，LED光源或灯具保持正常燃点，且光通量维持率衰减到70％时的累计燃点时间。

灯具的防触电保护有哪些？

安装灯具的喷水池要设立警示牌

 新闻报道又有孩子在装有灯具的水池中触电。

太危险了！水池应安装第Ⅲ类防触电保护的灯具！

 灯具的防触电保护分类别吗？

分为三类。水池中的灯具必须使用安全电压。

　　常见灯具的防触电保护分为三个类别。第Ⅲ类灯具的防触电保护等级最高。

（1）Ⅰ类灯具是有PE线（保护线）的，其作用为当灯具外壳带电时，PE线就会导走电流，避免对人造成伤害。

（2）Ⅱ类灯具带有加强绝缘的特点，而且还具有附加安全措施。

（3）Ⅲ类灯具的特点是电压为安全特低电压（50 V及以下）。

儿童活动区域的可移动式灯具，务必使用防触电保护等级为Ⅲ类的灯具；

儿童卧室的壁灯、台灯，建议重点检查手触摸开关的完整性。

　　空气潮湿的场所务必选用防触电等级为 III 类的灯具，电压不宜超过25 V；跳水池、游泳池、戏水池、冲浪池等类似场所水下灯具的电压不应超过12 V。

灯具防触电保护分类

小知识

　　为了电气安全和灯具的正常工作，所有带电部件（包括导线、接头、灯座等）必须用绝缘物或外加遮蔽的方法将它们保护起来，保护的方法与程度影响到灯具的使用方法和使用环境。这种保护人身安全的措施称为防触电保护。

098

如何进一步减少灯具的眩光？

基础控光光斑 ✗

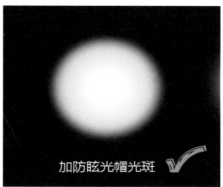

加防眩光帽光斑 ✓

不同的光斑效果对比

家里刚安装好筒灯，发现光线不均匀，有眩光！只能凑合着用了。

可以在筒灯上增加装置，改变这种情况。

那应该装什么样的装置呢？

可加载防眩光帽、柔光灯片等装置。

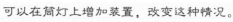

一盏筒灯可搭配不同功效的反射器，通过更换筒灯的反射器，可以改变光线的反射效果。圆孔反射器可以让筒灯实现聚光的效果；黑镍材料的反射器可以均匀光线，减少眩光。

还可以采用加装配件的方式，降低筒灯的中心光强。布纹柔光片能进一步均匀光线，防眩光帽和十字格栅都可以减少眩光。

常见防眩光装置

加载防眩光蜂窝网的射灯

099

如何判断灯具是否节能？

NLED924NH
高光效筒灯

有能效标识的灯具

 什么样的灯具节能效果好？

 初始光效越高越节能。

 什么是初始光效？我看不懂怎么办？

 还可以参考灯具的能效标识。

 能效等级越高越节能吗？

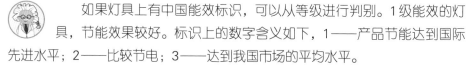 如果灯具上有中国能效标识，可以从等级进行判别。1级能效的灯具，节能效果较好。标识上的数字含义如下，1——产品节能达到国际先进水平；2——比较节电；3——达到我国市场的平均水平。

想要比较两盏LED灯具哪个更省电，可参看其初始光效值。数值越高，越节能。LED灯具的初始光效值比白炽灯、荧光灯高，节能效果佳，应用广泛。

常用光源的主要技术指标

光源种类	初始光效（lm/W）	平均寿命（小时）	启动时间
白炽灯	8~12	1000	快
三基色直管荧光灯	65~105	12000~15000	0.5~1.5秒
紧凑型荧光灯	40~75	8000~10000	1~3秒
金属卤化物灯	52~100	10000~20000	2~3分钟
陶瓷金卤灯	60~120	15000~20000	2~3分钟
无极灯	55~82	40000~60000	较快
LED灯	60~120*	25000~50000	特快
高压钠灯	80~140	24000~32000	2~3分钟
高压汞灯	25~55	10000~15000	2~3分钟

注：*表示整灯效能。

小知识

初始光效是指灯具实测初始光通量与功率的比值。单位为流明每瓦特（lm/W）。LED灯具的能效等级按初始光效划分为三个等级。

普通照明用非定向自
镇流LED灯具能效等级

彩灯颜色太浓怎么办？

RGB灯带效果示意

 节日用来装饰的彩灯，颜色太过浓烈，怎么办？

彩灯里面的芯片分为两种，要注意选择。

 哪两种？我都没有仔细看。

一种是RGB，色彩较为浓烈；另一种是RGBW或RGB+W，
可以达到淡彩效果。

LED灯具的色温由光源决定，光源一旦被封装后，就不能再改变其
光色，建议安装灯具前仔细观察色温参数是单色光还是彩色光。单色光
会以数值形式标注，如3000 K、4000 K、5000 K等；彩色光会以字母形式标注，
如RGB、RGBW、RGB+W。

LED彩灯的光色是由不同波长的光谱混合而成。由"红、绿、蓝"三色混合
的RGB光源，可以混合出人眼可见的七彩色光，单色光纯度较高，视觉感受强

健康用光100问

214

烈。这类光源适用于户外远距离观赏的景观照明。

　　室内空间适宜使用"红、绿、蓝、白"四色混合的RGBW光源。白色光的使用，可以降低彩色光的纯度，提高视觉舒适度。淡淡的彩光氛围，能影响人的心理情绪。由于RGBW很难混合出标准白色光，所以在封装芯片时，可采用RGB+W的四色芯片，将白光独立呈现。

RGB+W（5000 K）光源色彩柔和